太湖流域（江苏）淡水浮游藻类

李继影　徐恒省

王亚超　景　明　等　编著

科学出版社

北京

内 容 简 介

  本书是"十二五"国家水体污染控制与治理科技重大专项课题"太湖流域（江苏）水生态监控系统建设与业务化运行示范"研究成果之一。本书涵盖了浮游藻类的基本知识、生态特点及在水质监测中的应用，详述了淡水浮游藻类野外采样方法、实验室内分析方法、质量保证及质量控制等，还对太湖流域（江苏）淡水浮游藻类物种多样性进行了阐述。书中的藻类鉴定资料积累长达近 30 年，其中包括宝贵的彩色显微照片，这些照片基本涵盖了太湖流域（江苏）淡水湖泊的常见藻类种类；同时，在鉴定拍照过程中，对一些较难鉴定的藻类种类拍摄了不同特征面的照片，并且对一些藻类不同生长阶段的特征进行了拍照，可以说为今后进行藻类鉴定工作的人员提供了十分难得的参考工具书。

  本书可作为教学科研、环境保护、水利水务、科普宣传等的资料，更可为全国各相关单位研究藻类分类，科学应对湖泊富营养化和蓝藻水华，保护饮用水水源地安全提供一本得心应手的工具书。

图书在版编目（CIP）数据

  太湖流域（江苏）淡水浮游藻类/李继影等编著. —北京：科学出版社，
2023.6

  ISBN 978-7-03-075021-1

  Ⅰ. ①太⋯　Ⅱ. ①李⋯　Ⅲ. ①太湖－流域－淡水生物－藻类－江苏－图集　Ⅳ. ①Q949.2-64

  中国国家版本馆 CIP 数据核字（2023）第 036614 号

责任编辑：王腾飞　韩书云 / 责任校对：严　娜
责任印制：师艳茹 / 封面设计：许　瑞

科 学 出 版 社 出版

北京东黄城根北街 16 号
邮政编码：100717
http://www.sciencep.com

北京九天鸿程印刷有限责任公司 印刷
科学出版社发行　各地新华书店经销

*

2023 年 6 月第 一 版　开本：720 × 1000　1/16
2023 年 6 月第一次印刷　印张：19
字数：380 000

定价：198.00 元
（如有印装质量问题，我社负责调换）

作 者 名 单

主　　编：李继影　徐恒省
副 主 编：王亚超　景　明
其他人员：陈志芳　顾晓明　沈　莹
　　　　　　郭　忆　孙欣阳　陈　瑜

前　　言

　　太湖流域地跨苏、浙、沪两省一直辖市，是长江三角洲的核心区域，总面积 36 895km²，历来是我国人口密度大、工农业生产发达、地区生产总值和人均收入增长幅度快的地区之一。该流域面积仅占全国的约 0.4%，人口约占全国的 4.3%，地区生产总值（GDP）占全国的 10.8%，人均 GDP 为全国平均水平的 2.5 倍。

　　太湖流域（江苏）包括苏州市，无锡市，常州市，镇江市的丹阳市、句容市、丹徒区、京口区、润州区，以及南京市的高淳区、溧水区、江宁区、雨花台区、秦淮区，总面积 24 789km²，占太湖流域总面积的 67%。太湖流域（江苏）人口约占全省的 35.1%；GDP 占全省的 50.1%；人均 GDP 为全省平均水平的 1.4 倍。

　　太湖流域河网如织，湖泊星罗棋布，水面总面积约 5551km²。该流域内河道总长约 12 万 km，河网密度 3.3km/km²。出入太湖河流 228 条，其中主要入湖河流有武进港、陈东港、殷村港、长兴港、西苕溪等 22 条；出湖河流有太浦河、吴淞江、胥江等。水面面积在 0.5km² 以上的大小湖泊共有 189 个（其中江苏境内 122 个），面积在 40km² 以上的湖泊有 6 个（太湖、滆湖、阳澄湖、淀山湖、长荡湖、澄湖，主要位于江苏省境内）。

　　太湖流域（江苏）湖泊和水库众多，是该流域内人们赖以生存的重要水源，具有广泛的服务功能。然而随着经济的快速发展、人口的迅速增长和城市化水平的不断提高，湖库水体富营养化日趋严重，藻类水华频繁发生，水环境质量下降所引发的生态问题也不断显现。2007 年 5 月底暴发的太湖水危机，引起了党中央、国务院的高度重视和社会各界的广泛关注。

　　自 20 世纪 90 年代初以来，太湖几乎年年都暴发不同程度的蓝藻水华。国家和江苏省"治太"方案实施以来，太湖流域水质有所改善，但仍处于污染高位，尚未实现持续性、根本性好转，导致生态系统受损严重，蓝藻水华暴发的风险仍然存在。目前，太湖营养状态为轻度至中度富营养状态，由于太湖湖体藻型生态已经形成，只要外部水文、气象等条件具备，不断积累的氮、磷等营养盐就有可能引起太湖蓝藻水华大规模暴发。太湖发生大面积蓝藻水华的条件在未来一段时间内将长期存在，因此控制太湖蓝藻水华是一项长期而艰巨的任务。

　　浮游藻类是湖泊水生生物的主要组成部分之一。它与水生高等植物共同组成湖泊中的初级生产者，在某些缺少水生高等植物的湖泊中，它则是唯一的初级生产者，而且是湖泊中一些动物和微生物食物的主要来源和基础。在大多数水体中，浮游藻类是主要的生产性生物，因此一个水体生物生产力的大小往往取决于浮游藻类，它们位于水体食物链的第一环节，是浮游动物和其他水生动物的食物。由于藻类的群落结构及其生长量受水体生态环境的直接影响，它们对水体环境的变化极为敏感，其种类和数量的变化与吞食它们的生物的种类和数量，以及一些环境要素的变化都有着密切的关系。因此，浮游藻类被广泛地应用于评价和监测水质，如各种指示藻类、丰度指数、群落结构和功能、分泌的毒素等。

我国自 20 世纪 20 年代起就对淡水浮游藻类的调查研究做了一些工作，1949 年后更有蓬勃的发展。多年来，科研工作者在全国范围内开展了大规模的各种类型水体的生物学调查，浮游藻类调查是主要内容之一。这些工作大多是结合水产资源利用、人工养殖及湖泊营养型和生物生产力研究的需要而开展的。近年来，结合环境保护、水利建设等方面的浮游藻类调查进展迅速，在不少水体建立了长期的定位观察，对青海、西藏、云南、贵州、内蒙古、新疆等边远地区许多类型的水体也都取得了浮游藻类调查资料。

江苏省苏州环境监测中心自 20 世纪 80 年代开始就在太湖流域开展生物监测工作，不曾间断。2010～2015 年，本书的研究团队对太湖流域（江苏）主要湖泊水库的浮游藻类开展了调查与评价，足迹遍布太湖流域（江苏）的湖泊水库，主要包括太湖湖体、湖荡（滆湖、阳澄湖、长荡湖、澄湖、五里湖、钱资荡、徐家大塘、东西氿、傀儡湖、鹅真荡、元荡、昆承湖）、水库（大溪水库、天目湖、横山水库、墓东水库、凌塘水库、仑山水库、茅东水库、大口山水库、瓦屋山水库、吕庄水库、塘马水库、前宋水库）等。

本书的出版得到了国家水体污染控制与治理科技重大专项（2012ZX07506-003）和苏州市科技计划项目（SS201838）的资助。本书在编写过程中得到了江苏省环境监测中心和江苏省常州环境监测中心领导的关心与支持，由此作者才能完成编撰工作，本书才能得以顺利问世。在撰写过程中，图谱部分工作得到了西交利物浦大学吴怡蕾的帮助。在此一并深表谢忱！

由于成书时间较仓促，加上作者水平有限，疏漏之处在所难免，敬请同行和读者批评指正！

作　者

2022 年 10 月

目　　录

上篇　淡水浮游藻类及其在太湖流域的基本情况

下篇　图　　谱

上　篇
淡水浮游藻类及其在太湖流域的基本情况

第一章
绪　论

第一节　浮游藻类的基本知识

　　藻类是一类具有叶绿素，能进行光合作用并释放氧气，植物体没有真正根、茎、叶的分化，生殖器官多数是单细胞的低等植物。它们广泛分布于地球的江河湖海、池塘沟渠等水体，只要有阳光和水分布的地方就有藻类的踪迹。

　　浮游藻类是指一类能利用光能进行光合作用的低等绿色植物，它们或者完全没有游动能力，或者游动能力较弱，不能做远距离的移动，也不足以抗拒水的流动力，因此只能被动地"随波逐流"。据相关统计，全世界已知的藻类植物约为 40 000 种，其中淡水藻类约为 25 000 种，中国已发现的（包括已报道的和已鉴定但尚未报道的）淡水藻类约为 9000 种，加上尚未发现的估计有 12 000～15 000 种（占全球淡水藻类种数的 50%～60%）。

　　浮游藻类按其营浮游性生活方式的性质或程度可分为真浮游生物（euplankton）、假浮游生物（pseudoplankton）和阶段浮游生物（meroplankton）。按其粒径（λ）大小可分为网采浮游藻类（netphytoplankton，$20\mu m \leqslant \lambda < 200\mu m$）、微型浮游藻类（nanophytoplankton，$2\mu m \leqslant \lambda < 20\mu m$）和超微型浮游藻类（picophytoplankton，$\lambda < 2\mu m$）。此外，按其生活的水体环境还可分为湖泊浮游藻类（limnoplankton）、河流浮游藻类（potamoplankton）和池塘浮游藻类（heleoplankton）。

　　常见的淡水浮游藻类主要包括蓝藻门（Cyanophyta）、金藻门（Chrysophyta）、黄藻门（Xanthophyta）、硅藻门（Bacillariophyta）、隐藻门（Cryptophyta）、甲藻门（Dinophyta）、裸藻门（Euglenophyta）和绿藻门（Chlorophyta）8 个门类。

第二节　浮游藻类的生态特点

　　藻类植物是一群古老的植物。根据化石记录，在距今 35 亿～33 亿年前，地球上的水体中首先出现了原核蓝藻。在距今 15 亿年前，已有与现代藻类相似的有机体存在。现代藻类的形态、构造、生理等方面也反映出藻类是一群最原始的植物。根据它们的形态，细胞核的构造和细胞壁的成分，载色体（chromatophore）的结构及所含色素的种类，贮藏营养物质的类别，鞭毛的有无、数目、着生位置和类型，生殖方式及生活史类型等，一般将它们分为 8 个门类。

藻类植物一般都具有进行光合作用的色素，能利用光能把无机物合成为有机物，以供自身利用，是能独立生活的一类自养原植体植物（autotrophic thallophyte）。藻类植物体在形态上千差万别，小的只有几微米，必须在显微镜下才能见到；体型较大的肉眼可见；最大的体长可达 60m 以上，藻体结构也比较复杂，分化为多种组织，如生长于太平洋中的巨藻属（*Macrocystis*）。尽管藻体有大的、小的，简单的、复杂的区别，但是它们的生殖器官多数是单细胞，虽然有些高等藻类的生殖器官是多细胞的，但其生殖器官中的每个细胞都直接参加生殖作用；形成孢子或配子，其外围也无不孕细胞层包围。

藻类在自然界中几乎到处都有分布，虽然主要生活在水中（淡水或海水），但在潮湿的岩石、墙壁和树干上及土壤中，也都有它们的分布。在水中生活的藻类，有的浮游于水中，也有的固着于水中岩石上或附着于其他物体上。藻类植物对环境条件的要求不高，环境适应能力强，可以在营养贫乏、光照强度微弱的环境中生长。在地震、火山爆发、洪水泛滥后形成的新鲜无机质上，它们是最先居住者，是新生活区的先锋植物之一，有些海藻可以在 100m 深的海底生活，有些藻类能在零下数十摄氏度的南北极或终年积雪的高山上生活，有些蓝藻能在高达 85℃的温泉中生活，有的藻类能与真菌共生，形成共生复合体（如地衣）。

浮游藻类的生态学功能：浮游藻类是水环境中的初级生产者、食物链的开端，是无机环境与有机环境的承接者，对物质循环和能量转化起着重要作用。

（1）提供氧气。浮游藻类内含有叶绿素，能利用光能进行光合作用，将大气中的 CO_2 转化为有机碳，对整个生物圈的碳循环起着重要作用。同时放出 O_2，是水体中氧气的主要来源之一，为浮游动物和鱼类等提供所需氧气。

（2）提供饵料。浮游藻类是水环境中的初级生产者，为浮游动物和鱼类等消费型生物提供丰富的饵料。浮游藻类含有维生素、蛋白质和油脂等多种营养物质，可直接在食品和饲料加工中作为维生素源、蛋白源等加以利用。

（3）物质转化。浮游藻类为自养型微生物，通过新陈代谢吸收水体中的无机营养物并将其转化为自身物质，某些藻类还能吸收利用水体中的小分子有机物；某些藻类细胞能分泌一些特定的物质（如各种酶类），促进水体中有机物的分解或消耗。浮游藻类对物质循环和能量转化有重要作用，对水体污染和净化有指示作用，在水生态系统的研究中具有重要意义。

第三节 浮游藻类与水质监测

浮游藻类生活在水体中，与水环境的关系密切，水质的任何变化都可能影响到浮游藻类的生理功能、种群密度、群落结构和功能。同时，浮游藻类种类繁多，在水体中分布广泛，可以生存在不同生境和类型的水体中。因此，浮游藻类的生物学、生态学和生理学特征能客观地反映水环境质量的好坏。

浮游藻类是水生态系统生物资源的重要组分，作为水环境中的主要自养生物，是物质代谢和能量循环的初级生产者，浮游藻类在水生态平衡中起着非常重要的作用。不同营养状态的水体中存在着不同的生物种类，特别是在优势种方面存在明显的差异。以与富营养化关系最密切的浮游藻类来说，各大门类藻类适应生存于不同的营养型水体中。一般来说，贫营养型水体中的浮游藻类以金藻、黄藻类为主，中营养型水体中常以甲藻、隐藻、硅藻类占优势，富营养型水体则常以绿藻、蓝藻类占优势。

浮游藻类监测与评价是利用水体污染物对浮游藻类的影响而产生的各种反应来测试并评价水体的污染状况。浮游藻类在不同的水体中具有特定种类组成，它们的数量和种类的变化反映了环境中水质的变化。浮游藻类与其水体环境的统一性是水生生物监测的生物学基础，因为浮游藻类群落与水体水质变化进程关系密切，它们的种群组成、群落结构等的变化直接或间接地反映着水体状况及其发展趋势。它所反映的环境质量内容是理化监测无法替代的。通过对浮游藻类种类和数量组成及它们的生理生化和对毒物的积累特点等进行研究，可对水体的污染性质和程度做出一个更加全面、正确的评价，进而为水资源保护及治理提供一定的理论依据。因此，人们将它们作为水质监测和评价的重要参数。

浮游藻类作为水体中广泛存在的植物体，其生态特征对水体有重要的影响，因此对水质状况具有重要的监测作用。由于藻类分布广，种类多，一年四季都易采得，在水体生物监测和生物评价中具有不可比拟的优点。

浮游藻类监测和评价的最终目的是通过对浮游藻类种类组成、种群结构和群落由于水体环境变化而产生的物种组成及其多样性、稳定性、生产力、生理状况变化情况的监测，全面及时掌握水环境质量的动态变化特征，为水资源保护、水环境管理，以及水污染防治和决策提供可靠依据。

第四节 水华监测及意义

水华（water bloom）主要是指淡水水体中藻类大量繁殖的一种自然生态现象，

是水体富营养化的一种特征，主要是生活及工农业生产中排出的含有大量氮、磷的废污水进入水体后，蓝藻（又叫蓝细菌）、绿藻、硅藻等大量繁殖后使水体呈现蓝色或绿色的一种现象。

淡水富营养化后，水华频繁出现，面积逐年扩大，持续时间逐年延长。太湖、滇池、巢湖、洪泽湖都有水华（蓝藻），就连流动的河流，如长江最大支流——汉江下游汉口江段中也出现了水华（硅藻）。淡水中蓝藻水华造成的最大危害是：通过产生异味物质和蓝藻毒素，影响饮用水源和水产品安全，特别是蓝藻的次生代谢产物——微囊藻毒素（microcystin，MC）能损害肝脏，直接威胁人类的健康和生存。此外，自来水厂的过滤装置会被藻类水华填塞，漂浮在水面上的水华会影响景观，并有难闻的臭味。所以每次发生水华现象都会给人类和自然界带来损失或灾害。

我国深受蓝藻水华折磨的最著名的湖泊有滇池、太湖和巢湖，在过去的 20 年，国家和地方政府在"三湖"治理上已耗资数千亿元，但依然挡不住滚滚的"绿波"，乐观地估计还要继续奋斗 20 年，悲观地说也许遥遥无期，不仅如此，浩瀚的洞庭湖和鄱阳湖似乎准备赴其后尘，云南秀丽的洱海也即将呈现水华的常态化状态。

目前的蓝藻水华监测通常采用以下 4 种方式。

（1）人工调查方式。常被用于典型调查，在预设的观测点上进行蓝藻和环境条件等项目的观测，观测内容除了叶绿素、溶解氧、浊度等定量指标，还包括对水华的感官描述。观测方法主要采用走航式采样，每周若干次，用专用交通艇在湖区移动观测和采样，由于蓝藻在水平和垂直方向上变化速率较快，十几分钟就有较大的变化，因此走航式观测得不到太湖湖区蓝藻水华的瞬时分布情况，难以反映蓝藻的时空变化规律。

（2）自动监测。主要采用水质自动站，能够测量与蓝藻水华有关的大部分定量指标，包括藻类密度、溶解氧含量、总磷含量、总氮含量和氨氮含量等。目前水质自动站价格昂贵，维护难度大，难以大量布设。

（3）遥感反演。采用中低分辨率遥感影像数据源较多，已经形成了较多的反演模型，并且有相应的遥感监测软件出现。目前反演模型的建模数据主要来自人工调查，缺乏长系列的数据支撑，模型可靠性仍然有待提高。

（4）综合应用。考虑到单独采用人工调查、自动监测和遥感监测都存在诸多困难，因此，多种技术综合应用成为较理想的大型湖泊蓝藻水华监测方式。多种监测方式的综合应用可以从不同技术层面完成湖泊蓝藻水华的监测，各种监测方式的缺点可以通过技术手段之间的互补得以克服。自 2005 年起，不断加强太湖流域蓝藻监测能力建设和相关课题研究，针对太湖蓝藻水华的特点，逐步形成了点、线、面三维一体全方位的太湖蓝藻水华监测体系。通过多重手段加强对蓝藻水华的监测，尤其利用遥感手段，可弥补人工调查的不足，便于掌握太湖蓝藻水华的发生程度、位置及变化情况，及时做出应对，为预防供水危机的再次发生提供帮助，同时也为研究太湖蓝藻水华提供资料，为制定蓝藻治理、防范措施提供技术支撑。

第二章
浮游藻类调查方法

第一节　监测方法

　　浮游藻类的监测方法主要包括藻类密度测定、浮游藻类种属鉴别等。对于浮游藻类的监测方法应根据实际情况进行选择。

一、藻类密度测定

1. 细胞计数法

　　作为一种经典的藻类数量测定的基本方法，细胞计数法主要是利用透镜放大及成像技术进行藻体观测，利用计数框直接对水中藻类的数量进行测定，即通过一定体积的样本固化后，再经计数换算而来。细胞计数法是一种常用的微生物计数法，水体受藻类污染实际状况可通过观测数据反映出来，并且检测结果较为准确。但细胞计数法也有其缺点，譬如人为误差较大，重现性较差，细胞处于旺盛生长的对数期时，藻的生物量才与细胞数目之间呈完全的正比关系。而且，无法在短时间内完成多个水样的定量监测，不利于连续测定。

2. 直接荧光法

　　藻类叶绿素一个重要的特征是它可以发荧光，即当用特定波长的光照射它时，它可以发射出更高波长的光。用合适波长的光束照射藻类样品诱导叶绿素发荧光，然后检测叶绿素发射的更高波长的荧光。蓝藻、绿藻、硅藻/甲藻往往是水体中的优势种。蓝藻的主要捕光色素是藻胆蛋白，偏好吸收橙红色光（645 nm）；绿藻的主要捕光色素是叶绿素 a 和叶绿素 b，偏好吸收蓝光（470 nm）和红光（665 nm）；硅藻和甲藻的主要捕光色素是类胡萝卜素和叶绿素 c，偏好吸收绿光（520 nm）。利用不同波长的光激发出的荧光信号，并结合纯藻的参考光谱，就可对蓝藻、绿藻、硅藻/甲藻进行分类。利用该方法可以在水体直接测量，测定一个水样只需几分钟，不需要破坏细胞，适合现场采样及连续监测，有助于确定藻类密度变化趋势和预测蓝藻是否增加或减少。

二、浮游藻类种属鉴别

由于藻类种类数量庞大，应用细胞计数法时，测定所有这些藻类的分类特征都要求技术人员通过大脑记忆，然后进行镜检辨认。因此对藻类种属类别的鉴定需要技术人员长期从事相关工作，并且需要大量的工作经验与总结。而且涉及将藻类分到"种"等级的书刊繁多，即使是专业分类学者也不能对所有的门类样样精通，因此藻类的种属鉴别工作对技术人员专业知识的要求较高。

进行藻类种属鉴别时，应首先区分藻类与杂质和动物。藻类细胞一般都具有一定的色素质或色素体并具有细胞壁（裸藻除外），一般通过藻类分门特征中有关的藻类外形与细胞构造、细胞色素等特点来判断属于何门藻类，最后通过分属分种特征有关的藻体外形与细胞色素、内含物、构造等特点来鉴定种属。

藻类的种类鉴定需要较专门的知识和训练，根据富营养化研究的需要，主要种类最好鉴定到种，特别是那些对营养类型划分有指示意义的种类，至少能鉴定到属，而对优势种类和形成水华的种类则必须鉴定到种。主要或优势种类鉴定后应保存关于它们形态的简要描述和草图、照片，以便查对。

第二节　藻类野外采样方法

一、采样点位（断面）的布设

根据水体和周围环境的自然生态类型、人类干扰的空间特性布设有空间代表性的采样点位（断面），要与长期定位观测及水化学监测点位（断面）尽可能保持一致，还要考虑采样点位（断面）布设的经济性，最终以达到监测目的为宗旨。在江河中，应在污水汇入口附近及其上下游设点，以反映受污染和未受污染的状况。在排污口下游应多设点，以反映不同距离受污染和恢复的程度。对整个调查流域，必要时按适当间距设置。在湖泊水库中，若水体接近圆形，则应从此岸到彼岸至少设两个相互垂直的采样断面。若是狭长水域，则至少应设三个互相平行、间隔均匀的断面。

二、采样频次

常规监测每年采样应不少于两次。若要了解浮游藻类周年的变化，则一年四季都要采样。对受季节性影响显著的水体的变化趋势进行评价时，通常应每月（至少每季）调查一次。有特殊需要，则根据具体情况增加采样次数。

一年两次的调查，一般选择春季和秋季。季节性调查，一般选择春、夏、秋、冬四季。监测时间的确定，既要考虑各项监测指标的变化规律，又要兼顾实际情况。需要注意的是：①若进行逐季或逐月调查，各季或各月调查的时间间隔应基本相同；②同一湖泊（水库）应力求水质、水量及时间同步采样；③考虑到浮游生物的日变化，监测时间尽量选择在一天的相近时间，比如上午的 8～10 时，如果无法做到，则需记录每次实际的监测时间；④采样频次一经确定，一般不得随意更改。

三、采样深度

采集浮游藻类样品时，需根据采样点位的水深设置采样层次。水深<5m 或混合均匀的水体，不分层，在水面下 0.5m 处采集；水深为 5～10m 时，分别在水面下 0.5m 处和透光层（深度以 3 倍透明度计）底部采集；水深>10m 时，分别在水面下 0.5m 处、1/2 透光层和透光层底部采集。分层采样按照由浅到深的顺序，使用采水器采集 1～5L 水样。将各层次采集的样品倒入事先准备的清洁水桶，充分混匀后，取 1～5L 水样装入样品瓶。

四、样品的采集

（一）采样器和贮样容器

1. 采样器

有机玻璃采水器（图 2-1）适用于湖泊、水库和池塘等水体中浮游生物定量样品的采集，由桶体、带轴半圆上盖和活动底板组成。使用时应用夹子夹住橡胶管，把采水器沉入水中，活动底板自动打开，当沉入所需深度时，即上提系绳，上盖和活动底板自动关闭。将出水口橡皮管伸入容器口，松开夹子，水样即注入容器。部分采水器内部配有温度计，可同时测定水温。

定性样本用浮游生物网采集。浮游生物网（图 2-2）呈圆锥形，网口套在筒环上，网底管（有开关）接盛水器。网本身用筛绢制成，根据筛绢孔径不同划分网的型号。浮游藻类采集一般使用 25 号浮游生物网（200 目，筛绢孔径为0.064mm）。

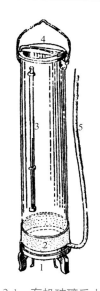

图 2-1　有机玻璃采水器

1. 进水阀门；2. 压重铅圈；3. 温度计；4. 溢水门；5. 橡皮管

图 2-2　浮游生物网

1. 网体；2. 网头

2. 贮样容器

贮样容器为硬质（硼硅）玻璃容器或塑料瓶。

（二）样品采集步骤

1. 定量样品采集

使用有机玻璃采水器，根据采样点水深确定的采样层次，一般采集 1L 水样。若浮游藻类密度过低，应酌情增加采水量。

2. 定性样品采集

浮游藻类定性样品的采集应在定量样品采集结束后进行。定性样品采集使用国际标准的 25 号浮游生物网，在选定的采样点于水面下 0.5m 深处以 20～30cm/s 的速度作 "∞" 形循环缓慢拖动，拖动至少 5min。水样采集完毕，将网从水中提出，待水滤去，所得浮游藻类集中在网头内，轻轻打开开关，使水样流入样品瓶中，一般重复两次，所得样品体积约为 30mL。或按定量分层采样层次让网沉到一定深度，从下而上采集，每点重复 3～5 次，将几次所采样品混合。用浮游生物网捞取的浮游藻类多半是较大型藻类，水量一般不能精确定量，因此一般用于定性检测，不作定量计数。

（三）样品的固定

水样采集后，马上加固定液固定，以免时间延长导致标本变质。

1. 定量样品的固定

加入鲁氏碘液（Lugol's iodine solution）（碘的总浓度为 86mg/mL）或 70%乙醇溶液（短期存放）进行固定，在 1L 水样中应加入 10～15mL 固定液。可将鲁氏碘液或乙醇溶液于采样前就加入样品瓶中。加入固定液的样品呈现茶红色。鲁氏碘液的配制方法：将 60g 碘化钾溶于 200mL 水中，待其完全溶解后，加入 40g 碘充分摇匀，完全溶解后，定容到 1000mL，摇匀。

2. 定性样品的固定

加入福尔马林（formalin）固定液或 70%乙醇溶液（短期存放）进行固定，在 30mL 水样中应加入 2mL 固定液，再加入 1mL 饱和硫酸铜溶液防止色素体降解。当水样表面有漂浮藻类时，可加入少许肥皂水。福尔马林固定液的配制方法：取 4mL 福尔马林（市售 40%甲醛）、10mL 甘油，加水定容到 100mL，摇匀。

（四）样品的运输与保存

样品采集后应根据采样记录核对并清点样品，并在尽可能短的时间内送至实验室镜检。如路途较远，通常情况下应在车内配置低温冷藏箱，对藻类样品采取低温运输的方式，尤其是气温较高的夏季，低温保存是十分必要的，一般保存温度应控制在 4℃以下。

样品的保存分为永久保存和暂时保存。加入鲁氏碘液为暂时保存，保存时间不宜过长，每隔几周需检查鲁氏碘液颜色是否变淡，必要时进行添加，直至完成种类鉴定。长期保存时，加入福尔马林固定液，且避光保存。

（五）样品标识和记录

在样品瓶外侧标注采样地点、点位编号、日期、采集人姓名与样品类型。长期保存时，应将标签用透明胶带封住。在现场采样记录表上记录湖库名称、采样位置、点位编码、采样日期、采集人姓名、采样方法及相关的生态信息。

第三节 实验室内分析方法

一、定性分析

定性样品一般不作沉淀、浓缩处理，一般不需要计数框，可用载玻片直接进行种类鉴定。取样时尽可能取样本底部样品，切记不可晃动或搅动样本。在生物显微镜下，将浮游藻类鉴定至种或属水平。

二、定量分析

（一）前处理

一般样品在无色透明采样瓶中直接进行样品的沉淀、浓缩，静置沉淀至少需要48h。使用与虹吸管连接的尖头玻璃管以虹吸方式缓慢吸去上层的清液，不能搅动或吸出浮在表面和沉淀的藻类。最后剩余 50～70mL 时，将沉淀物转移至容积为 100mL 的样品瓶中，用吸出的上清液冲洗采样瓶 2～3 次，将冲洗液合并到样品瓶中。在计数时，一般定容到 50mL，如果首次虹吸后水样体积较大，需要沉淀 24h 后再次虹吸；浓缩后的样品较为浑浊时，可稀释后再计数，稀释后的样品需要再补充固定剂保存；针对水华水样（藻类细胞多）较多的种类，可取一定量的水样用蒸馏水稀释后单独计数，其他藻种用原浓缩后样品计数。

当发生水华时，可考虑原样或者原样稀释后计数。在藻类应急监测或要求快速报送数据的情况下，可采用原样固定离心后计数（准确量取 100～200mL 混匀后的水样于离心管中，3000～4000r/min 离心 10～15min，吸去部分上清液，定容至 5～10mL，漩涡混匀，洗下黏附在管壁上的藻类细胞，超声分散处理 10～15min，此悬浊液用于下一步镜检）。

（二）显微镜的校准

将目测微尺放入 10×或 15×目镜内（一般刻度面应朝下），将台测微尺当作标本片，用 10×或 20×物镜进行观察，使台测微尺刻度清晰成像。台测微尺的刻度一般每小格 10μm。转动目镜并移动载物台，使目测微尺与台测微尺平行，目测微尺的边沿刻度与台测微尺的 0 点刻度重合，然后数出目测微尺 10 格相当于台测微尺多少格，用这个格数去乘 10μm，其积表示目测微尺 10 格所代表台测微尺的长度，也可以换算为目测微尺每格代表实际标本的长度。用台测微尺测出视野的直径，按 πr^2 计算视野面积。用作测量和计数物镜镜头（10×、20×、40×、60×、100×）的每一种搭配，也都应作同样的校准和记录。一般研究级显微镜均有自动校准标尺功能。

（三）种类鉴定、计数

在生物显微镜下，将浮游藻类鉴定至种或属水平。每个样品至少重复抽样2次，对每个种类的细胞或细胞单位进行计数。

我国通用的计数框是由玻璃条组成的方框，面积为 20mm×20mm，容量为 0.1mL，框内划分横竖各 10 行格，共 100 个小方格。为减少工作量，每次抽样一般不对整个计数框内的浮游藻类进行全部计数，只需选取其中一部分样品计数。选取过程是一个次级抽样过程，要考虑到抽样量的大小和所抽样品的代表性。

1. 计数规则

计数一般从计数框的右下角开始，对于超出计数小格外的丝状、群体种类，可规定计数小格外左对角边缘区域不予计数，右对角边缘区域的藻类予以计数，计数规则见图 2-3。可根据监测的目的计数最大数量或最大生物量的藻类。

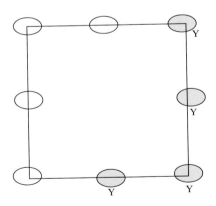

图 2-3　丝状、群体种类计数规则

Y 表示计数

2. 计数面积

正式计数前可以在显微镜下先大致判断藻类大小及在计数框内的分布情况，以选择适宜的计数面积，计数面积可参考表 2-1。

表 2-1　每 0.1mL 样品计数参考面积

形态	描述	尺寸	举例	计数面积
球状/短丝状/不规则状	极小的	粒径<5μm	微囊藻个体、伪鱼腥藻、色球藻、平裂藻、蓝隐藻、曲壳藻等	5 或 10 个计数小格……
	中等的	粒径 5～10μm	小环藻、小球藻、衣藻、栅藻等	5 或 10 个 1/8、1/4、1/2 计数小格……
	较大的	粒径 10～20μm	舟形藻、圆筛藻、隐藻、鼓藻等	5 或 10 个 1/4、1/2 计数小格……
	大的	粒径>20μm	微囊藻群体、新月藻、盘星藻、角甲藻等	100 个计数小格
长丝状	较大的及大的	长度>50μm	长孢藻、浮丝藻、柱孢藻、长孢藻等	根据大小计 10～100 个计数小格

3. 计数方法

计数方法有行格法、对角线法、视野法、简化对角线法、全片计数法等。计数时，将样品充分摇匀后，迅速吸取 0.1mL 样品到计数框中，盖上盖玻片。计数框内应无气泡，也不应有样品溢出。

1）行格法

按照计数框上的第二、五、八行共 30 个计数小格进行藻类分类计数，计数方法见图 2-4。

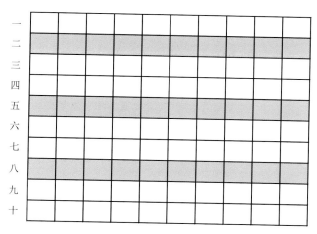

图 2-4　行格法

2）对角线法

按照计数框对角线上的计数小格进行藻类分类计数，每 0.1mL 样品计数 5 或 10 格，直至达到 30 个小格，计数方法见图 2-5。

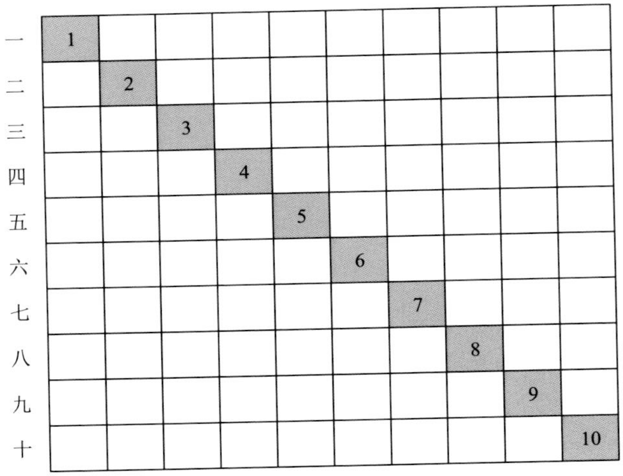

一　| 1 |
二　|　| 2 |
三　|　|　| 3 |
四　|　|　|　| 4 |
五　|　|　|　|　| 5 |
六　|　|　|　|　|　| 6 |
七　|　|　|　|　|　|　| 7 |
八　|　|　|　|　|　|　|　| 8 |
九　|　|　|　|　|　|　|　|　| 9 |
十　|　|　|　|　|　|　|　|　|　| 10 |

图 2-5　对角线法

3）视野法

计数的视野数目应根据样品中浮游藻类数量的多少来确定。每次抽样一般计数 100~300 个视野，可以先计数 100 个视野。如计数数值太少，再增加 100 个，以此类推。计数视野在计数框内尽量均匀分布。

4）简化对角线法

对于个体较小或数量较多的优势种类可采用简化对角线法。每个计数视野可规定为对角线计数小格的右下角；对角线计数小格可以选择 1 个视野面积或 1/8、1/4、1/2 的面积计数，计数方法见图 2-6。

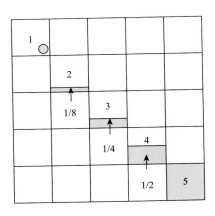

图 2-6　简化对角线法

5）全片计数法

对计数框内 10×10 个小格中的全部藻体进行计数，适用于藻类密度很低的水样。

4. 注意事项

如果样品中硅藻过多，在显微镜下难以鉴别硅藻种类，需要对硅藻内含物进行去除，处理方法主要分为以下两种。

1）盐酸-硝酸法

摇匀浓缩后的水样，吸取 1~2mL 放入玻璃试管中，加入与样品等量的盐酸溶液，静置 24h；沸水浴加热 3~4h 后静置 24h，弃去上清液，保留沉淀；加入 2 倍体积的硝酸溶液，沸水浴加热 5~6h，直至产生白色絮状沉淀为止；静置 24h，弃去上清液，保留沉淀。

2）双氧水法

吸取 1~2mL 水样放入离心管中，加入 2mL 过氧化氢溶液和 8mL 硝酸溶液，放置于超声波清洗仪中处理 10~20min，如标本不变白或不完全透明，可以适当延长处理时间。

将用上述方法处理的硅藻样品高速离心后去除上清液，用蒸馏水多次清洗至中性后，使用 75%乙醇溶液保存。

在常规计数时，先计硅藻的总数。取酸化处理后的样品制成定性标本片镜检，分别计算某个种类的硅藻占硅藻总量的百分比（计数 100 个左右的硅藻），最后换算为某个种类的硅藻在单位体积中的数量。

常规计数方法的浮游藻类计数总量应在 500 个以上，优势种类计数量在 50 个以上，藻类细胞残体不予计数，未完成细胞分裂的按一个细胞计。

一个标本片应尽量快速鉴定完成，标本片一般在 40min 左右会形成气泡，从而影响观察，需要再次取样分析。

（四）藻类密度计算

把计数所得结果按下式换算成每升水中浮游藻类的细胞数量：

$$N = \frac{A}{A_c} \times \frac{V_s}{V_a} n$$

式中，N——每升水中浮游藻类的细胞数量，细胞/L；

A——计数框面积，mm^2；

A_c——计数面积（即视野面积×视野数或计数格的面积×计数格数），mm^2；

V_s——1L 水样浓缩后的样品体积，mL；

V_a——计数框体积，mL；

n——计数所得的浮游藻类的细胞数。

可按规范中所列常用计数框规格简化为下式：

$$N = \frac{V_s}{A_c} \cdot 4000n$$

（五）记录

在浮游藻类计数记录表上填写样品相关信息，记录种名、细胞或细胞单位数量及相应的藻类丰度。

（六）技术要求

尽量鉴定到种，至少鉴定到属，形态学可以区分的按某种列出，常见种给出种名，按种计数。

浮游藻类密度的测定结果用"细胞/L"表示。

第四节　质量保证及质量控制

一、野外质量控制程序

（一）样品的采集

在浮游藻类监测中，样品的采集是首要步骤，它决定了实验室检测结果的真实性、准确性和可靠性。对采样的质量控制应予以足够重视。

（1）制定合理的采样操作程序，在确定的采样时间、采样点、采样层次，用符合质量要求的统一设备采样，采水量尽量保持一致，以保证采集的样品具有代表性和可比性。

（2）保证所有野外设备处于良好的运行状态，必须制订一项常规检查、维护及（或）校准的计划，以确保野外数据的质量。

（3）合理安排各类生物样品采集顺序，尽量避免生物类群在采集前受到较大扰动。

（4）正确填写样品标签，包括样品编号、日期、水体名称、采样位置及采集人姓名。

（5）及时清洗所有接触过样品的采样设备，并仔细检查，防止采样污染。

（6）及时在现场处理样品。受生物活动的影响，随时间变化明显的项目应在规定时间内测定。

（二）样品的运输

（1）必须根据采样记录或登记表核对并清点样品，以免有误或丢失。

（2）样品运输中贮存温度不超过采样时的温度，必要时需准备冷藏设备。

（3）运输中应仔细保管样品，以确保样品无破损、无污染。避免强光照射及强烈震动。

（4）样品的运输尽量迅速。

（三）样品的保存

按照要求分别保存各类样品，保存时，每隔几周检查固定液，必要时进行添加。

（四）采样记录

除了样品相关信息，采样时间、地点、水温、气温、水文、植被等也应有详细记录，确保样品数据的完整性。

二、实验室质量控制程序

（一）样品的交接与记录

（1）样品交接时，应办理正式交接手续，由接收样品的工作人员记录其状态，检查是否异常或是否与相应检验方法中描述的标准状态有所偏离。

（2）实验室应建立送检样品的唯一识别系统，确保任何时候样品都不会混淆。

（二）种类鉴定、计数

（1）新种、新记录种必须留出典型、完好的样品制作标本，永久保存。

（2）样品鉴定完毕后，随机抽取 10% 样品，由专业分类学专家检查，确保分类的准确性。

（3）实验室应当保存并更新相关的分类学文献。

（4）不论何种计数方式，都要求每个水样平行计数 2 次，取其结果的平均值作为计数所得的藻体数。同一水样的 2 次计数差异百分比应不超过 15%，否则应计数第 3 片，计数结果取 2 片平均值。

计数差异百分比按下式计算：

$$\mathrm{PDE} = \frac{|n_1 - n_2|}{n_1 + n_2}$$

式中，PDE——计数差异百分比；

n_1——第 1 片计数的细胞数量，细胞/L；

n_2——第 2 片计数的细胞数量，细胞/L。

2 名人员分类差异百分比应≤50%，否则应重新分类计数。

分类差异百分比按下式计算：

$$\mathrm{PctDiff} = \left[1 - \sum \min(a, b)\right] \times 100\%$$

式中，PctDiff——分类差异百分比；

a——第 1 名人员发现的第 1 种、第 2 种、第 3 种、……、第 n 种藻类数量占总数量的百分比；

b——第 2 名人员发现的第 1 种、第 2 种、第 3 种、……、第 n 种藻类数量占总数量的百分比。

（三）数据记录

记录实验室分析过程中所取得的相应数据，分析测试项目还应记录测试条件、测试方法、质量控制（QC）报告（重复、校正），并描述从原始数据到最终结果报告的过程、数据转换步骤。数据记录表必须有记录人、复核人签字。

（四）剩余样品的处置

现场分析剩余的样品不保存；实验室分析剩余的样品至少保留 4 个月，有条件的实验室可长期保存。

（五）资料保存

基础分类学参考文献文库是藻类鉴定中必不可少的辅助工具，应按实验室需求购买、收集和保存。

第五节　藻类标本的采集和处理方法

一、标本的采集

在小水域如池塘、水沟、积水坑等静水中，单细胞藻类的数量较多，可直接采取一定的水样（通常为 1L）加固定剂，静置一段时间，使其沉淀后，将上清液倒掉。在大型水体如大河、水库等处，可用浮游生物网，在水中作"∞"形循环缓慢拖曳取得。采集后贴上标签，注明采集时间、地点等信息。

二、标本的固定

固定藻类标本最常用的固定剂是甲醛液（福尔马林）或鲁氏碘液。如果标本只作一般的形态分类观察用，在用浮游生物网所采得的标本中，加入福尔马林，达到 4%浓度即可，同时可作长期保存。若是直接取水样沉淀浓缩，则用鲁氏碘液加福尔马林最为适宜。1L 水样中加鲁氏碘液 15mL 左右，沉淀浓缩后再加福尔马林达到 3%浓度即可。此外，甲醛-冰醋酸-乙醇（FAA）标准固定剂、铬-醋酸固定液等也是常用的藻类固定剂，它对进行进一步藻体结构的观察有良好效果。若要进一步观察细微构造，每种藻类则有自己的固定液。例如，鼓藻杀生固定用 2%～3%甲醛固定后再加几滴冰醋酸；无隔藻可用 FAA 标准固定剂固定；鞘藻、刚毛藻可用铬酸-冰醋酸固定。易于破碎的标本可用 FAA 标准固定剂固定。

FAA 标准固定剂：甲醛 5mL，冰醋酸 5mL，50%或 70%乙醇 90mL。

铬-醋酸固定液：这种固定液的配方很多，在植物固定上用途也广。通常在实验室中常预先配制贮藏备用，其基液为 1g 铬酸，1mL 冰醋酸，100mL 蒸馏水。这种基液为 1%铬-醋酸固定液。基液一般不直接拿来作固定用，常将浓度稀释至10%使用。

三、标本的保存与整体封藏制片法

若将标本制成封藏标本片，其方法很多，可参阅植物制片技术，基本步骤：

一是杀生、固定；二是冲洗及脱水；三是染色；四是透明及封藏。以下介绍几种方法，供制作时参考。

（一）载玻片和盖玻片的准备

载玻片和盖玻片的厚度应符合所使用显微镜的要求，一般载玻片的厚度为 1mm 左右，盖玻片的厚度为 0.17mm 左右。

载玻片和盖玻片在使用前应清洗干净。可用酸化乙醇（9 份乙醇加 1 份盐酸或硝酸配成的洗涤液）浸泡 1～2h，然后用清水冲洗干净。浸泡和清洗的程度以玻片透明无雾为标准，已经起雾的玻片不宜使用。将洗净的载玻片放入蒸馏水或乙醇中备用；将洗净的盖玻片放入乙醇中备用。使用时，手指避免接触玻片，以免在其上留下指纹，影响下次观察使用。

（二）甘油封藏制片法

1. 不染色法

（1）标本用 4%甲醛液杀生固定。时间为 12～24h。

（2）在载玻片上滴一小滴 10%的甘油液，吸取沉淀于甲醛液中的标本，滴在甘油液中，用针轻轻搅动，使标本均匀散布。

（3）将载玻片放在干燥器中，注意防尘，使甘油中水分逐渐蒸发，时间随干燥情况而定。待甘油浓缩至原来一半时，即可加一滴 20%甘油，再静置使水蒸发，然后再加 40%甘油。待甘油浓缩至原来容量一半时，即可加盖玻片，仍使其继续蒸发。

（4）2～3 天后，甘油已达到近于无水状态，此时即可进行密封。

（5）密封：用甘油封藏制片法时，密封剂需采用阿拉伯树胶水合氯醛甘油封片剂。用毛笔蘸上述封片剂涂在盖玻片四周及片面的边缘部（0.5～1.0mm）。过 1～2 天，此时涂片已干，用刀轻轻刮去盖玻片四周不平整的封片剂。

2. 染色法

（1）标本用铬-醋酸液固定 24～28h。

（2）将材料倾入广口瓶中，瓶口用纱布包扎，然后在自来水龙头下冲洗，以除去标本中的固定液，时间至少 24h。

（3）移入 2%铁矾液中保持 2h。

（4）再用自来水冲洗 30～60min。方法同第二步，冲洗水不可太急。

（5）用 0.5%苏木素染色 3～24h 后，用水冲洗 30min。

（6）用 2%铁矾溶液分色，直到满意为止（如染色较弱，4～5min 已足够）。再在水中冲洗 30～60min（冲洗必须彻底，否则封藏后仍继续分色，最后完全失去颜色而失败）。

（7）将标本放于 2%甘油中，以后根据不染色法中的步骤使甘油水分蒸发，逐级加浓，加盖玻片，以阿拉伯树胶水合氯醛甘油封片剂密封。

（三）甘油胶封片法

这种方法用于藻类整体封藏极好，即使不经密封的片子，也可以保存一二十年。甘油胶的配方为明胶、甘油、蒸馏水按 1∶7∶6 的比例添加。先把明胶放于盛有蒸馏水的烧杯中，35℃加热使其溶化，然后等明胶化成稠胶，再加入甘油继续加热 15min，并用玻璃棒搅拌，再在每 100g 上述混合液中加入 1g 麝香草酚作防腐用。以后再加热，继续搅拌，直至麝香草酚完全溶解为止。这时可把甘油胶用细纱布过滤后，放入瓶中备用。甘油胶可长时间保存，用时只需用刀刮取少量胶（其大小如绿豆粒），加于载玻片的标本上，略微加温，使它溶化即可，然后覆以盖玻片即成。如能在盖玻片周围用漆密封，则更可永久保存。

（四）合成胶水封藏法

做合成胶水封片时，为了防腐，可在胶水中加入少量防腐剂（如加 4%甲醛液）。制片时吸取用 4%甲醛液固定的标本一小滴于载玻片上，待标本水分蒸发近乎干燥时，滴上一小滴合成胶水，加上盖玻片即成。

（五）硅藻标本制片法

硅藻种类的鉴定主要依据硅藻壳面的形态及壳面的纹饰，为了能清楚地看出壳面上的纹饰，在鉴定前，必须将标本经过处理，将其壳体内含物（主要是有机质）除去。未经特殊处理，要准确鉴定种类颇为困难。淡水硅藻标本最简便、最佳的处理方法是用酸处理。

将酸处理较为简便的方法介绍如下。

1）盐酸-硝酸法

摇匀浓缩后的水样，吸取 1～2mL 放入玻璃试管中，加入与样品等量的盐酸溶液，静置 24h；沸水浴加热 3～4h 后静置 24h，弃去上清液，保留沉淀；加入 2

倍体积的硝酸溶液沸水浴加热 5～6h，直至产生白色絮状沉淀为止；静置 24h，弃去上清液，保留沉淀。

　　2）双氧水法

　　吸取 1～2mL 水样放入离心管中，加入 2mL 过氧化氢溶液和 8mL 硝酸溶液，放置于超声波清洗仪中处理 10～20min，如标本不变白或不完全透明，可以适当延长处理时间。

　　将用上述方法处理的硅藻样品高速离心后去除上清液，用蒸馏水多次清洗至中性后，使用 75%乙醇溶液保存。

第一节 浮游藻类物种多样性

一、研究区域及概况

本书中浮游藻类物种调查主要依托于"太湖流域（江苏）水生态监控系统建设与业务化运行示范"（2012ZX07506-003）课题，调查共历时 4 年，其中 2012～2013 年在江苏省太湖流域的 25 个湖泊水库（太湖、滆湖、阳澄湖、长荡湖、澄湖、五里湖、钱资荡、徐家大塘、东西汭、傀儡湖、鹅真荡、元荡、昆承湖、大溪水库、天目湖、横山水库、墓东水库、凌塘水库、仑山水库、茅东水库、大口山水库、瓦屋山水库、吕庄水库、塘马水库、前宋水库）合计 64 个测点开展了 3 次浮游藻类调查。

通过对不同水体环境信息相似性与浮游藻类群落结构代表性等方面进行筛选、优化后，2014～2015 年对其中 11 个湖泊水库（太湖、滆湖、阳澄湖、长荡湖、鹅真荡、东西汭、大溪水库、天目湖、横山水库、凌塘水库、茅东水库）合计 23 个测点（大溪水库北、东西汭、鹅真荡、滆湖北干河口、横山水库东、凌塘水库、茅东水库、十四号灯标、竺山湖心、椒山、大浦口、小湾里、五里湖、金墅港、渔洋山、浦庄、大雷山、庙港、天目湖南、阳澄西湖南、阳澄东湖南、长荡湖北干、长荡湖南）开展了 4 次浮游藻类深入调查研究。调查人员共发现浮游藻类 793 种，其中蓝藻门 139 种，绿藻门 344 种，硅藻门 227 种，隐藻门 5 种，裸藻门 42 种，甲藻门 13 种，金藻门 12 种，黄藻门 11 种；和 2012～2013 年调查阶段相比，新发现种类共有 58 种，其中蓝藻门 15 种，绿藻门 30 种，硅藻门 6 种，裸藻门 2 种，甲藻门 1 种，黄藻门 4 种。太湖是浮游藻类种类最丰富的湖泊水库，其次为滆湖、长荡湖和阳澄湖；绿藻门是浮游藻类种类最丰富的门，其次为硅藻门和蓝藻门。浮游藻类总发现种类在水域的分布情况如图 3-1 所示。

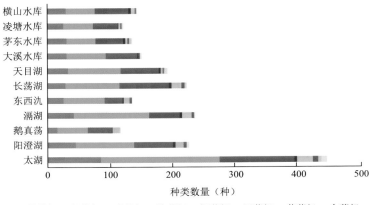

图 3-1 浮游藻类总发现种类数量分布

二、不同水体浮游藻类组成（基于细胞密度）

对调查的 11 个湖泊水库浮游藻类细胞密度的总体情况进行统计。11 个重点湖库中的主要门类为硅藻门、蓝藻门、绿藻门和隐藻门。不同湖泊水库的主要门类不同，其中以蓝藻为主要门类的湖泊水库为茅东水库（93%）、凌塘水库（90%）、天目湖（76%）、大溪水库（51%）和太湖（48%）；以硅藻为主要门类的湖泊水库为滆湖（67%）和东西汊（42%）；不同门类藻类细胞密度分布较均匀的湖泊水库为横山水库（蓝藻 31%、硅藻 30%、绿藻 26%）、阳澄湖（隐藻 40%、硅藻 26%、蓝藻 19%）、长荡湖（硅藻 35%、蓝藻 31%）、鹅真荡（硅藻 33%、绿藻 29%），如图 3-2 所示。

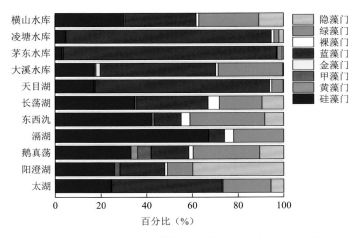

图 3-2 11 个湖泊水库浮游藻类组成分布（基于细胞密度）

三、不同水体浮游藻类组成（基于生物量）

对调查的 11 个湖泊水库浮游藻类主要门类的生物量总体情况进行统计。与细胞密度的分布相似，主要门类为硅藻门、蓝藻门和绿藻门，但是因为不同藻类细胞的大小差异较大，不同门类生物量比例与细胞密度比例有一定的区别。以蓝藻为主要门类的湖泊水库为凌塘水库（80%）、横山水库（76%）和茅东水库（45%）；以硅藻为主要门类的湖泊水库为滆湖（59%）、太湖（56%）、天目湖（54%）和阳澄湖（43%）；以绿藻为主要门类的湖泊水库为鹅真荡（65%）和东西氿（64%）；藻类主要门类生物量分布较均匀的湖泊水库为大溪水库（硅藻 37%、蓝藻 31%、绿藻 28%）、长荡湖（硅藻 39%、绿藻 32%），如图 3-3 所示。

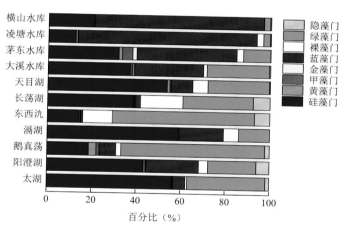

图 3-3　11 个湖泊水库浮游藻类组成分布（基于生物量）

第二节　浮游藻类时空变化

一、空间变化

（一）不同测点浮游藻类组成（基于细胞密度）

对 23 个测点的浮游藻类细胞密度总体情况进行分析，发现同一湖泊水库不同测点的藻类细胞密度存在差异，如图 3-4 所示。

太湖以蓝藻为主要门类的测点是渔洋山（94%）、五里湖（76%）、大浦口（68%）和小湾里（55%）；以硅藻为主要门类的测点是滆湖北干河口（66%）和椒山（59%）；

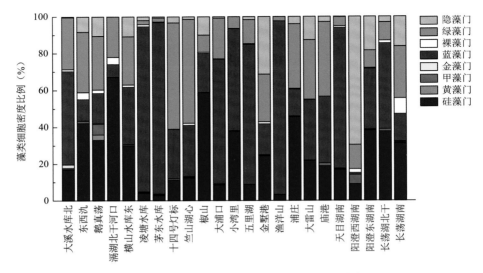

图 3-4　23 个测点浮游藻类组成分布（基于细胞密度）

以绿藻为主要门类的测点是十四号灯标（58%）和竺山湖心（56%）；藻类主要门类细胞密度分布较均匀的测点为金墅港（隐藻 31%、绿藻 26%、硅藻 24%）、庙港（绿藻 41%、蓝藻 36%）和大雷山（蓝藻 33%、绿藻 32%、硅藻 22%）。阳澄西湖南的主要门类为隐藻（70%），阳澄东湖南的藻类主要门类细胞密度分布较均匀（硅藻 38%、蓝藻 33%）。长荡湖北干（硅藻 38%、蓝藻 33%）与长荡湖南（硅藻 31%、绿藻 28%）的浮游藻类主要门类结构差异较大。

对调查的 23 个测点主要门类（硅藻、蓝藻、绿藻）的细胞密度进行统计，如图 3-5 所示。大溪水库北、东西氿、鹅真荡、十四号灯标、竺山湖心、小湾里、金墅港、浦庄、大雷山、庙港的细胞密度较低，均低于 8.00×10^5 个/L；凌塘水库、茅东水库及天目湖南的蓝藻数量较多，其中凌塘水库蓝藻的细胞密度高达 1.66×10^7 个/L；滆湖北干河口的硅藻数量最多，约为 5.67×10^6 个/L。

（二）不同测点浮游藻类组成（基于生物量）

对调查的 23 个测点中浮游藻类主要门类的生物量总体情况进行统计，同一湖泊水库不同测点的藻类生物量也同样存在一定的差异，如图 3-6 所示。

太湖的 11 个测点主要门类是硅藻、蓝藻和绿藻，不同测点主要门类不同。其中，以蓝藻为主要门类的测点是凌塘水库（81%）和横山水库东（76%）；以硅藻为主要门类的测点是竺山湖心（90%）、庙港（66%）、小湾里（59%）和五里湖（59%）；以绿藻为主要门类的测点是十四号灯标（88%）、大浦口（76%）、鹅真荡（65%）、

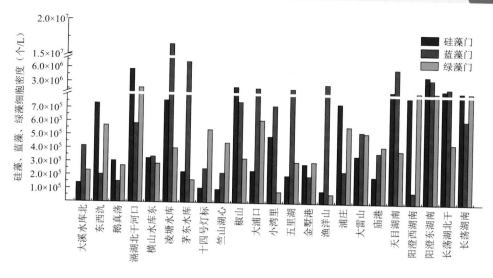

图 3-5　23 个测点浮游藻类的细胞密度

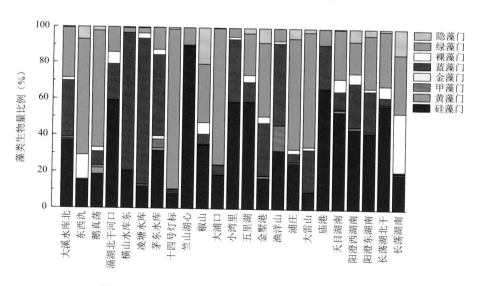

图 3-6　23 个测点浮游藻类组成分布（基于生物量）

大雷山（64%）、东西氿（63%）和浦庄（61%）；藻类主要门类生物量分布较均匀的测点是金墅港（绿藻 41%、蓝藻 29%）、椒山（硅藻 35%、绿藻 32%）。阳澄西湖南（硅藻 44%、蓝藻 24%、绿藻 18%）与阳澄东湖南（硅藻 42%、绿藻 30%、蓝藻 22%）的主要门类相似。长荡湖北干（硅藻 57%、绿藻 31%）的主要门类与长荡湖南（绿藻 33%、裸藻 32%）的差异较大。

对调查的 23 个测点主要门类（硅藻、蓝藻、绿藻）的生物量情况进行统计，如图 3-7 所示。大溪水库北、东西氿、鹅真荡、茅东水库、十四号灯标、椒山、小湾里、五里湖、金墅港、渔洋山、浦庄、大雷山、天目湖南、长荡湖北干和长荡湖南的生物量水平较低，藻类生物量总和均低于 8mg/L，此结果与细胞密度结果相近；横山水库东、凌塘水库的蓝藻生物量较高，其中凌塘水库的蓝藻生物量高达 36mg/L；漏湖北干河口、竺山湖心和庙港的硅藻生物量较高，其中竺山湖心的硅藻生物量最多，约为 27mg/L。

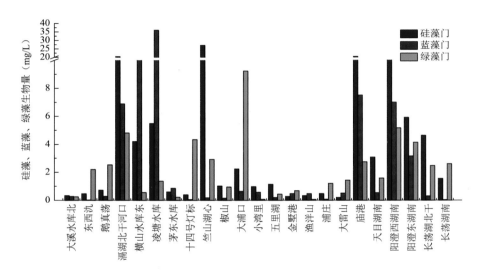

图 3-7　23 个测点浮游藻类主要门类生物量对比

（三）主要门类藻类群落结构组成（基于生物量）

经调查发现的主要门类有硅藻门、蓝藻门和绿藻门，由于不同藻类细胞的差异较大，因此以生物量为基准进行进一步分析。

1. 硅藻门

23 个测点的调查数据显示，硅藻门主要由中心纲和羽纹纲组成。对 23 个测点硅藻不同纲生物量占藻类总生物量比例作堆积图，如图 3-8 所示。不同测点硅藻门的优势纲不同，以中心纲为优势纲的测点是东西氿（37%）、浦庄（30%）、鹅真荡（24%）、阳澄东湖南（23%）和长荡湖南（19%）；以羽纹纲为优势纲的测点是漏湖北干河口（46%）、椒山（45%）、小湾里（37%）、长荡湖北干（29%）和横山水库东（20%）。

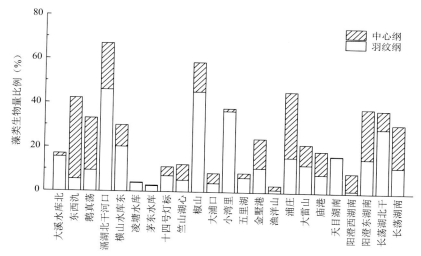

图 3-8　硅藻门中心纲、羽纹纲生物量占藻类总生物量比例（纲水平）

对硅藻门中纲的组成作进一步分析发现，中心纲的物种组成如图 3-9 所示。圆筛藻目是中心纲的优势目，几乎所有测点硅藻门的优势目均是圆筛藻目。

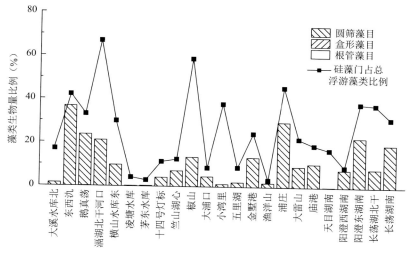

图 3-9　硅藻门中心纲物种组成比例（目水平）

羽纹纲的物种组成如图 3-10 所示，羽纹纲的物种组成比中心纲丰富，不同测点的优势种不同。以无壳缝目为优势种的测点是滆湖北干河口（41%）、长荡湖北干（28%）、横山水库东（19%）、天目湖南（16%）、大溪水库北（11%）和长荡湖南（8%）；以管壳缝目为优势种的测点是椒山（43%）和小湾里（33%）。

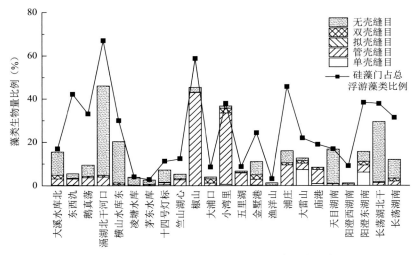

图 3-10 硅藻门羽纹纲物种组成比例（目水平）

2. 蓝藻门

　　调查到的蓝藻门的所有种类均为蓝藻纲，对 23 个测点蓝藻门不同目生物量占藻类总生物量比例作堆积图，如图 3-11 所示。以色球藻目为优势种的测点是滆湖北干河口（41%）、长荡湖北干（28%）、横山水库东（20%）和大溪水库北（12%）；以念珠藻目为优势种的测点是浦庄（24%）、东西氿（20%）、鹅真荡（19%）、长荡湖南（12%）、阳澄东湖南（11%）和阳澄西湖南（5%）；以颤藻目为优势种的测点是椒山（43%）和小湾里（33%）。

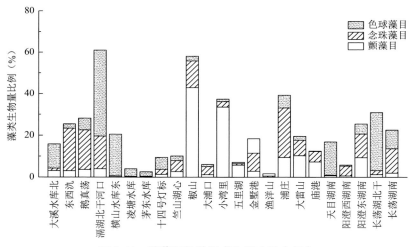

图 3-11 蓝藻门物种组成比例（目水平）

此外，各测点色球藻目主要属是微囊藻属（*Microcystis*）和平裂藻属（*Merismopedia*），颤藻目主要属是伪鱼腥藻属（*Pseudanabaena*），念珠藻目主要属是拟柱孢藻属（*Cylindrospermopsis*）和尖头藻属（*Raphidiopsis*）。

3. 绿藻门

23 个测点的调查数据显示，绿藻门主要由双星藻纲和绿藻纲组成。对 23 个测点绿藻不同纲生物量占藻类总生物量比例作堆积图，如图 3-12 所示。

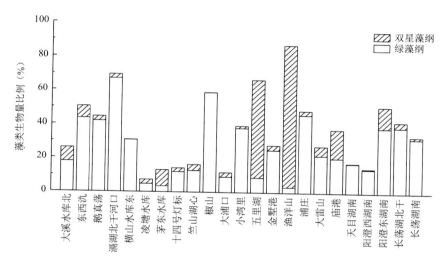

图 3-12　绿藻门双星藻纲、绿藻纲生物量占藻类总生物量比例（纲水平）

除以双星藻纲为优势种的测点渔洋山（87%）和五里湖（58%）外，漏湖北干河口（70%）、椒山（59%）、浦庄（46%）、东西氿（44%）、鹅真荡（42%）、长荡湖北干（39%）、阳澄东湖南（38%）、小湾里（38%）、长荡湖南（32%）、横山水库东（31%）、大雷山（22%）、庙港（20%）、天目湖南（17%）、大溪水库北（17%）和阳澄西湖南（14%）测点的优势种均为绿藻纲。

对绿藻门的组成作进一步分析发现，双星藻纲的物种组成如图 3-13 所示，双星藻纲占优势种的两个测点分别是五里湖和渔洋山，其中鼓藻目分别占 56% 和 71%。此外，鼓藻属（*Cosmarium*）在各测点中均有发现，且渔洋山主要以鼓藻属（*Cosmarium*）为主，五里湖则是以新月藻属（*Closterium*）为主。

绿藻纲的物种组成如图 3-14 所示，几乎所有测点的主要种类均属于绿球藻目，其中主要的是集星藻属（*Actinastrum*）、四星藻属（*Tetrastrum*）和栅藻属（*Scenedesmus*）。

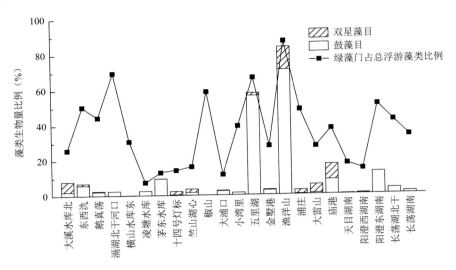

图 3-13　绿藻门双星藻纲物种组成比例（目水平）

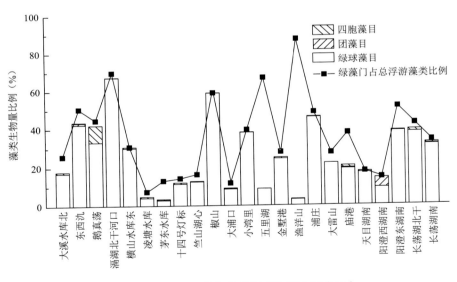

图 3-14　绿藻门绿藻纲物种组成比例（目水平）

二、时间变化

为研究时间变化对藻类群落结构的影响，分别对春季（2015 年 4 月）、夏季
（2015 年 8 月）和秋季（2015 年 11 月）的调查数据进行分析。

（一）不同季节浮游藻类组成（基于细胞密度）

对调查的 11 个湖泊水库的浮游藻类细胞密度分季节进行分析，如图 3-15 所示，不同湖泊水库浮游藻类组成随季节变化而不同。

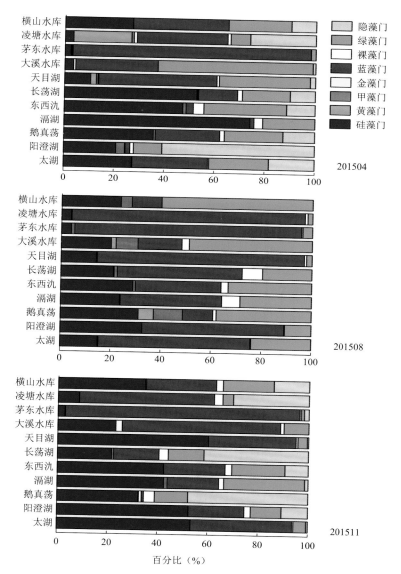

图 3-15　11 个湖泊水库浮游藻类不同季节组成分布（基于细胞密度）

横山水库春季和秋季各藻类比例比较均匀，夏季绿藻成为主要门类，占藻类细胞密度的 60%；凌塘水库春季主要为蓝藻（36%）、隐藻（26%）和黄藻（23%），夏季蓝藻成为主要门类（93%），秋季仍有大量蓝藻（54%），同时隐藻细胞密度也有上升（从夏季低于 1% 增加到秋季 30%）；茅东水库 3 个季节中，蓝藻均是主要门类，蓝藻占藻类细胞密度的 90% 以上；大溪水库春季和夏季中，绿藻是主要门类，分别占 62% 和 49%，到了秋季，蓝藻成为主要门类，占 63%；天目湖春季蓝藻和绿藻比例较大，分别占 47% 和 36%，到了夏季，蓝藻成为主要门类，占 82%，秋季硅藻成为主要门类，占 60%；长荡湖春季硅藻为主要门类，占 53%，夏季蓝藻成为主要门类，占 50%，到了秋季，隐藻成为主要门类，占 42%；东西氿的藻类结构相对稳定，春季硅藻是主要门类，占 47%，到了夏季，蓝藻比例上升到 34%，秋季硅藻重新成为主要门类，占 42%；滆湖各季节绿藻比例相对稳定，硅藻在春季是主要门类，占 74%，到了夏季，蓝藻成为主要门类，占 41%，秋季硅藻重新成为主要门类，占 42%；鹅真荡的藻类多样性相对其他测点较高，春季主要是硅藻（36%）、蓝藻（26%）、绿藻（23%）和隐藻（13%），到了夏季，黄藻和甲藻的比例略有上升，秋季隐藻成为主要门类，占 48%，其次是硅藻，占 32%，此外还有不少裸藻；阳澄湖不同季节藻类群落变化较大，春季隐藻是主要门类，占 61%，夏季蓝藻成为主要门类，占 57%，到了秋季，硅藻成为主要门类，占 52%；太湖春季硅藻、蓝藻、绿藻、隐藻的比例相对均匀，到了夏季，蓝藻成为主要门类，秋季则蓝藻比例下降到 40%，硅藻成为主要门类，占 53%。

不同测点不同季节藻类群落组成如图 3-16 所示，同一个湖泊水库不同测点藻类组成也会随季节变化而不同。

本书所调查的测点在太湖分布得最多，合计 11 个测点。其中水源地测点藻类组成如下：金墅港不同季节藻类组成变化显著，其中春季隐藻比例较大，占 49%，夏季硅藻、绿藻和蓝藻比例较大，分别占 39%、35% 和 20%，秋季硅藻成为主要

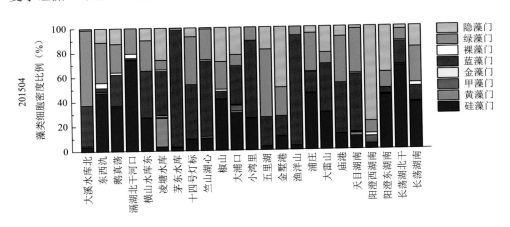

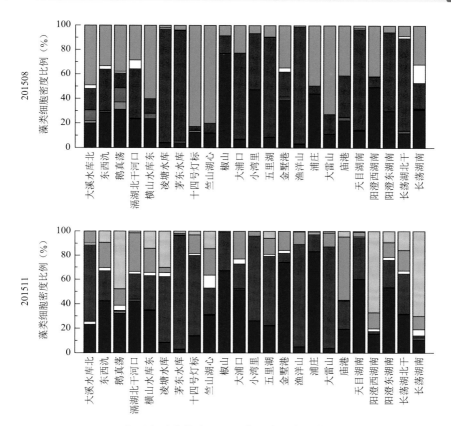

图 3-16　23 个测点浮游藻类不同季节组成分布（基于细胞密度）

门类，占 77%；渔洋山 3 个季节蓝藻都是主要门类，春季、夏季、秋季分别占 90%、96% 和 84%；庙港的藻类群落组成相对稳定，主要是硅藻、绿藻和蓝藻。

太湖其他测点的情况如下：小湾里与庙港的情况相似，3 个季节的群落结构较为稳定，主要门类是硅藻、蓝藻和绿藻；五里湖则变化较为显著，春季主要门类是绿藻（55%），夏季蓝藻（82%）成为主要门类，到秋季，蓝藻比例下降到 57%，而硅藻比例增加到 22%；十四号灯标与竺山湖心春季、夏季的藻类组成相似，春季主要门类是蓝藻（分别占 44% 和 61%），夏季主要门类变成绿藻（分别占 83% 和 80%）；大雷山春季主要是蓝藻（40%）、硅藻（30%）和隐藻（21%），夏季绿藻成为主要门类，占 73%，秋季蓝藻成为主要门类，占 84%；椒山则 3 个季节都以硅藻为主要门类，春季、夏季、秋季分别为 41%、76% 和 67%；大浦口春季主要是蓝藻（31%）、硅藻（30%）和隐藻（22%），夏季主要是蓝藻，占 70%，秋季主要是硅藻，占 51%。

阳澄湖和长荡湖两个测点的藻类群落组成均有显著的差异性，且随季节变化，两个测点的藻类变化也不一样。

（二）不同季节浮游藻类组成（基于生物量）

对本书调查的 11 个湖泊水库中浮游藻类主要门类的生物量分季节进行统计，如图 3-17 所示。由于各藻类生物量不同，基于藻类生物量的分析结果与细胞密度水平分布显著不同。最显著的是春季和夏季，蓝藻和隐藻的比例变小，而硅藻、裸藻和绿藻的比例增加；秋季硅藻和蓝藻的比例增加。

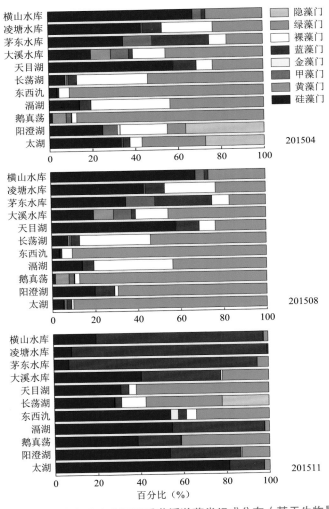

图 3-17　11 个湖泊水库不同季节浮游藻类组成分布（基于生物量）

茅东水库春季、夏季的主要门类是硅藻，到了秋季，蓝藻的比例显著上升。横山水库、凌塘水库春季、夏季的主要门类是硅藻、绿藻，秋季蓝藻的比例显著上升。天目湖春季、夏季的主要门类同样是硅藻、绿藻，秋季绿藻成为主要门类。而长荡湖、东西沈、滆湖、鹅真荡春季、夏季的主要门类都是绿藻，到了秋季，硅藻则成为主要门类。阳澄湖的藻类组成最为特别，春季硅藻、隐藻和裸藻是主要门类，夏季绿藻成为主要门类，秋季硅藻和蓝藻成为主要门类。太湖春季的主要门类是硅藻、绿藻和隐藻，夏季的主要门类是绿藻，到了秋季，硅藻成为主要门类。

　　不同测点不同季节藻类群落组成如图 3-18 所示，考虑藻类生物量后，分析结果与细胞密度分布不同。主要差距在于春季和夏季蓝藻比例降低，绿藻比例增加。

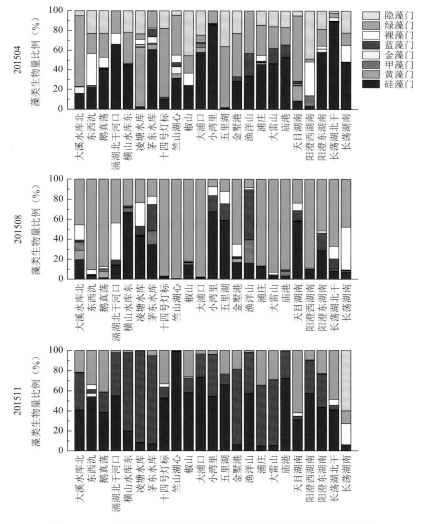

图 3-18　23 个测点浮游藻类不同季节组成分布（基于生物量）

三、多样性分析

（一）物种组成相似性指数

利用索伦森相似性指数（Sorenson similarity index）计算不同测点间藻类的相似性，该指数越大，表明两个测点藻类物种类别组成越相似，分析结果如图 3-19和表 3-1 所示。

阳澄湖两个测点与其他测点的相似性较低，其中阳澄西湖南的藻类组成与其他测点的差异性更大。此外，太湖几个测点与其他测点的相似性也较低，分别是庙港、大雷山、小湾里、十四号灯标。

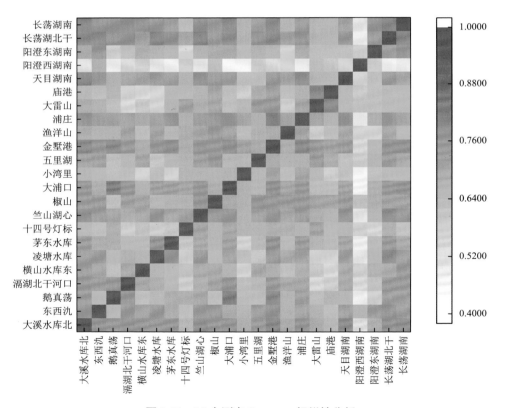

图 3-19　23 个测点 Sorenson 相似性分析

表 3-1 23 个测点 Sorenson 相似性（赋值）

测点	大溪水库北	东西氿	鹅真荡	涌湖北干河口	横山水库东	凌塘水库	茅东水库	十四号灯标	竺山湖心	椒山	大浦口	小湾里	五里湖	金墅港	渔洋山	浦庄	大雷山	庙港	天目湖南	阳澄西湖南	阳澄东湖南	长荡湖北干	长荡湖南
大溪水库北	1.00	0.74	0.73	0.75	0.74	0.73	0.73	0.62	0.76	0.73	0.75	0.66	0.70	0.78	0.67	0.74	0.67	0.63	0.78	0.50	0.67	0.78	0.79
东西氿	0.74	1.00	0.64	0.73	0.70	0.73	0.67	0.60	0.73	0.73	0.68	0.64	0.70	0.75	0.65	0.69	0.65	0.61	0.70	0.66	0.72	0.78	0.73
鹅真荡	0.73	0.64	1.00	0.76	0.61	0.63	0.68	0.67	0.69	0.61	0.82	0.60	0.61	0.79	0.65	0.71	0.61	0.64	0.65	0.47	0.57	0.73	0.72
涌湖北干河口	0.75	0.73	0.76	1.00	0.69	0.68	0.63	0.57	0.68	0.70	0.74	0.61	0.63	0.72	0.68	0.70	0.54	0.57	0.69	0.54	0.61	0.75	0.75
横山水库东	0.74	0.70	0.61	0.69	1.00	0.66	0.63	0.61	0.68	0.68	0.65	0.55	0.70	0.67	0.61	0.66	0.59	0.54	0.69	0.58	0.66	0.70	0.75
凌塘水库	0.73	0.73	0.63	0.68	0.66	1.00	0.77	0.57	0.75	0.62	0.72	0.61	0.59	0.75	0.69	0.71	0.56	0.54	0.72	0.49	0.65	0.78	0.74
茅东水库	0.73	0.67	0.68	0.63	0.63	0.77	1.00	0.59	0.69	0.65	0.70	0.56	0.63	0.77	0.63	0.73	0.65	0.62	0.70	0.47	0.64	0.74	0.68
十四号灯标	0.62	0.60	0.67	0.57	0.61	0.57	0.59	1.00	0.71	0.64	0.68	0.66	0.66	0.67	0.67	0.64	0.72	0.63	0.66	0.57	0.54	0.67	0.62
竺山湖心	0.76	0.73	0.69	0.68	0.68	0.75	0.69	0.71	1.00	0.75	0.75	0.66	0.70	0.75	0.69	0.73	0.67	0.65	0.77	0.49	0.65	0.78	0.76
椒山	0.73	0.73	0.61	0.70	0.68	0.62	0.65	0.64	0.75	1.00	0.66	0.66	0.75	0.73	0.74	0.73	0.69	0.70	0.73	0.61	0.67	0.71	0.70
大浦口	0.75	0.68	0.82	0.74	0.65	0.72	0.70	0.68	0.75	0.66	1.00	0.65	0.63	0.77	0.68	0.73	0.60	0.61	0.71	0.44	0.66	0.75	0.78
小湾里	0.66	0.64	0.60	0.61	0.55	0.61	0.56	0.66	0.66	0.66	0.65	1.00	0.62	0.69	0.60	0.68	0.63	0.56	0.60	0.44	0.62	0.64	0.63
五里湖	0.70	0.70	0.61	0.63	0.70	0.59	0.63	0.66	0.70	0.75	0.63	0.62	1.00	0.67	0.66	0.66	0.73	0.67	0.61	0.57	0.64	0.72	0.69
金墅港	0.78	0.75	0.79	0.72	0.67	0.75	0.77	0.67	0.75	0.73	0.77	0.69	0.67	1.00	0.67	0.78	0.73	0.70	0.73	0.53	0.64	0.76	0.77
渔洋山	0.67	0.65	0.65	0.68	0.61	0.69	0.63	0.67	0.69	0.74	0.68	0.60	0.66	0.67	1.00	0.69	0.57	0.60	0.68	0.55	0.54	0.69	0.64

续表

测点	大溪水库北	东西氿	鹅真荡	滆湖北干河口	横山水库东	凌塘水库	茅东水库	十四号灯标	竺山湖心	椒山	大浦口	小湾里	五里湖	金墅港	渔洋山	浦庄	大雷山	庙港	天目湖南	阳澄西湖南	阳澄东湖南	长荡湖北干	长荡湖南
浦庄	0.74	0.69	0.71	0.70	0.66	0.71	0.73	0.64	0.73	0.73	0.73	0.68	0.66	0.78	0.69	1.00	0.69	0.65	0.76	0.48	0.67	0.72	0.72
大雷山	0.67	0.65	0.61	0.54	0.59	0.56	0.65	0.72	0.67	0.69	0.60	0.63	0.73	0.73	0.57	0.69	1.00	0.79	0.64	0.61	0.61	0.63	0.64
庙港	0.63	0.61	0.64	0.57	0.54	0.54	0.62	0.63	0.65	0.70	0.61	0.56	0.67	0.70	0.60	0.65	0.79	1.00	0.62	0.59	0.61	0.63	0.63
天目湖南	0.78	0.70	0.65	0.69	0.69	0.72	0.70	0.66	0.77	0.73	0.71	0.60	0.61	0.73	0.68	0.76	0.64	0.62	1.00	0.55	0.60	0.72	0.69
阳澄西湖南	0.50	0.66	0.47	0.54	0.58	0.49	0.47	0.57	0.49	0.61	0.44	0.44	0.57	0.53	0.55	0.48	0.61	0.59	0.55	1.00	0.57	0.48	0.49
阳澄东湖南	0.67	0.72	0.57	0.61	0.66	0.65	0.64	0.54	0.65	0.67	0.66	0.62	0.64	0.64	0.54	0.67	0.61	0.61	0.60	0.57	1.00	0.70	0.75
长荡湖北干	0.78	0.78	0.73	0.75	0.70	0.78	0.74	0.67	0.78	0.71	0.75	0.64	0.72	0.76	0.69	0.72	0.63	0.63	0.72	0.48	0.70	1.00	0.79
长荡湖南	0.79	0.73	0.72	0.75	0.75	0.74	0.68	0.62	0.76	0.70	0.78	0.63	0.69	0.77	0.64	0.72	0.64	0.63	0.69	0.49	0.75	0.79	1.00

（二）香农-维纳指数

香农-维纳指数（Shannon-Wiener index）是一种衡量种群多样性的指数，是物种多样性调查最常用的方法。香农-维纳指数越大，反映出样本生物多样性越高。对本书调查的 23 个测点基于属水平的藻类物种数量进行计算，得出了不同季节各个测点的香农-维纳指数。

如图 3-20 所示，有些测点 3 个季节的藻类物种均较少，如渔洋山、茅东水库、小湾里；有些测点在某个季节藻类物种较少，如大溪水库北（春）、横山水库（夏）、凌塘水库（夏）、椒山（夏、秋）、大浦口（夏）、大雷山（秋）、天目湖南（夏），这可能是由于这些季节有某些藻类成为主要种类，限制了其他藻类的生长；有些测点则 3 个季节的藻类物种丰富度均较高，如东西汊、鹅真荡、滆湖北干河口、十四号灯标、竺山湖心、五里湖、浦庄、庙港和阳澄东湖南、长荡湖北干和长荡湖南。

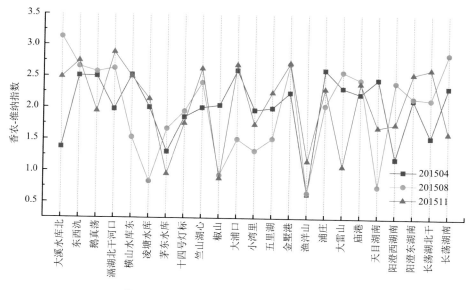

图 3-20　23 个测点不同季节香农-维纳指数

（三）主坐标分析

主坐标分析（principal co-ordinates analysis，PCoA）是通过一系列的特征值和特征向量排序从多维数据中提取出最主要的元素和结构。基于 Weighted Unifrac

距离来进行主坐标分析，并选取贡献率最大的主坐标组合进行作图展示。样本距离越接近，表示物种组成结构越相似，因此群落结构相似度高的样本倾向于聚集在一起，群落差异很大的样本则会远远分开。

主坐标分析与 Sorenson 相似性指数都是样品组间相似性分析，不同的是 Sorenson 相似性指数计算的是群落物种的种类和共有物种的种类，而主坐标分析考虑了物种的丰度。

对本书调查的 23 个测点作主坐标分析，如图 3-21 所示，除阳澄湖两个测点的差异性较大外，其余太湖流域测点的藻类群落结构具有一定的相似性。

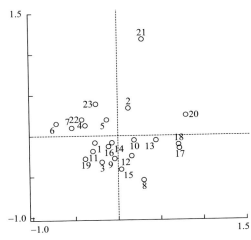

图 3-21　基于 Weighted Unifrac 距离的 PCoA

1. 大溪水库北；2. 东西汧；3. 鹅真荡；4. 漍湖北干河口；5. 横山水库东；6. 凌塘水库；7. 茅东水库；8. 十四号灯标；9. 竺山湖心；10. 椒山；11. 大浦口；12. 小湾里；13. 五里湖；14. 金墅港；15. 渔洋山；16. 浦庄；17. 大雷山；18. 庙港；19. 天目湖南；20. 阳澄西湖南；21. 阳澄东湖南；22. 长荡湖北干；23. 长荡湖南。下同

第三节　浮游藻类主要环境影响因子

冗余分析（redundancy analysis，RDA）和典范对应分析（canonical correspondence analysis，CCA）是基于排序技术的多变量直接环境梯度分析技术，能从统计学角度评价一组变量与另一组变量数据之间的相关关系。这两种分析技术都能有效地对多解释变量进行统计检验，独立保持各个解释变量对响应变量的方差贡献率，并可通过排序图直观地展现解释变量之间、解释变量与响应变量之间的相关关系，被广泛用于解释变量与响应变量相关关系的研究中。这两种分析技术的区别在于：RDA 是基于线性模型，CCA 是基于单峰模型。

主要按照以下步骤进行。

（1）根据除趋势对应分析（detrended correspondence analysis，DCA）得出响应变量的单峰响应值［梯度长度（SD）］。当 SD≤3 时，意味着物种密度呈线性分布，即可进行 RDA；当 SD＞3，意味着物种密度呈单峰分布，则选择 CCA。

（2）解释变量的重要值按其单独解释相应变量的方差值的大小排序，其解释的显著性由蒙特卡罗（Monte Carlo）模拟来检验。

排序图中，箭头表示环境因子，箭头连线的长短表示不同点位浮游藻类密度分布与该环境因子相关性的大小。箭头连线与排序轴夹角的大小表示环境因子与排序轴相关性的大小，夹角越小说明关系越密切，箭头所处的象限表示环境因子与排序轴之间的正负相关性。

用 Canoco 软件分析不同采样时间各点位藻类群落结构变化与水温（Temp）、溶解氧（DO）、pH、叶绿素 a（Chl-a）、藻类密度（algae cell density，ACD）、高锰酸盐指数（COD-Mn）、生化需氧量（BOD_5）、氨氮（NH_4^+-N）、总氮（TN）、总磷（TP）10 个环境因子的相关性。首先对浮游藻类密度（藻类个体数）矩阵进行 DCA，以确定物种密度是呈单峰还是线性分布，然后选择合适的分析方法进行分析，如图 3-22 所示。

2015 年 4 月，藻类数量的 DCA 数据显示，SD 值为 2.1，选择 RDA。结果显示，前两轴的特征值分别为 0.2441 和 0.1835，共解释了 42.76%藻类多样性差异，主要影响因子是叶绿素 a（Chl-a）、藻类密度（ACD）、DO、pH 和 BOD_5。

2015 年 8 月，藻类数量的 DCA 数据显示，SD 值为 1.9，选择 RDA。结果显示，前两轴的特征值分别为 0.2520 和 0.1768，共解释了 42.88%藻类多样性差异，主要影响因子是叶绿素 a（Chl-a）、总磷（TP）、氨氮（NH_4^+-N）、总氮（TN）和pH。

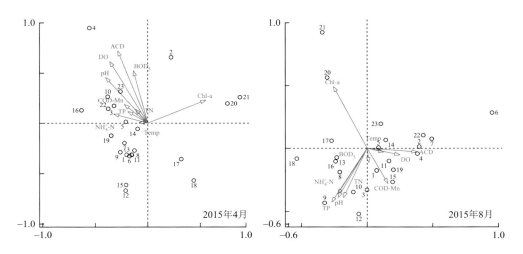

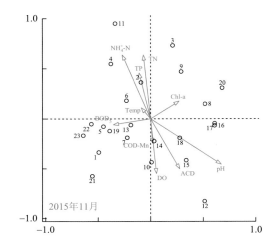

图 3-22　23 个测点藻类与环境因子的典范对应分析

2015 年 11 月，藻类数量的 DCA 数据显示，SD 值为 1.9，选择 RDA。结果显示，前两轴的特征值分别为 0.1324 和 0.0886，共解释了 22.10% 藻类多样性差异，主要影响因子是 pH、氨氮（NH_4^+-N）、总氮（TN）、总磷（TP）、藻类密度（ACD）和溶解氧（DO）。

下　篇
图　谱

第四章

蓝藻门 Cyanophyta

　　蓝藻是一类原核生物，又称蓝细菌或放氧细菌，最近又有学者称之为蓝原核藻。蓝藻为单细胞，丝状或非丝状群体。非丝状群体有板状、中空球状、立方形等各种形态，但大多数为不定型群体，群体常具一定形态和不同颜色的胶被。丝状群体由相连的一列细胞组成，藻丝具胶鞘或不具胶鞘，藻丝及胶鞘合称丝状体，每条丝状体中具 1 条或数条藻丝。藻丝宽度一致，或一端或两端明显尖细，藻丝具有真分枝或假分枝，假分枝由藻丝的一端穿出胶鞘延伸生长而形成。

　　蓝藻细胞无色素体和真正的细胞核等细胞器，原生质分为外部色素区和内部无色中央区。色素区除含有叶绿素 a、两种特殊的叶黄素外，还含有大量的藻胆素（藻胆蛋白）。同化产物以蓝藻淀粉为主，还含有藻蓝素颗粒体。无色中央区主要含有环形丝状的 DNA，无核膜及核仁。细胞壁由氨基糖和氨基酸组成。丝状种类的细胞壁外常具胶被或胶鞘，分层或不分层，无色或具有黄、褐、红、紫、蓝等颜色。有些种属的少数营养细胞分化形成异形胞，异形胞比营养细胞大，细胞壁厚，内含物稀少，在光学显微镜下无色、透明，但异形胞内含丰富的固氮酶，是这些类群细胞固氮的场所。某些类群细胞内含有气囊，由于遮光的原因，其在显微镜下呈黑色、红色或紫色。气囊具有遮光和漂浮的功能。

　　蓝藻通常通过细胞分裂繁殖。单细胞类群有的只有 1 个分裂面，有的有 2 个分裂面，有的甚至有 3 个分裂面，这些类群的细胞分裂后的子细胞常具胶被，虽彼此分离，但仍形成胶群体，也有的分裂后的子细胞彼此不分离形成立方形的群体。因此，单细胞类群的细胞分裂方式决定藻体形态，是科属分类的重要特征之一。丝状类群除细胞分裂外，藻丝还能形成"藻殖段"，"藻殖段"是藻丝的短片段，从藻丝滑动离开后可以发育成新的藻丝。

　　蓝藻生长在各种水体或潮湿土壤、岩石、树干及树叶上，不少种类能在干旱的环境中生长繁殖。水生类群常在含氮较多，有机质丰富的碱性水体中生长。在夏、秋季，湖泊池塘有时因一些蓝藻（如微囊藻、鱼腥藻、束丝藻）大量繁殖形成水华，不仅破坏湖泊景观，还使水体含氧量降低，有许多蓝藻产生毒素，如微囊藻、鱼腥藻、束丝藻等，会严重破坏水体生态系统，造成鱼、虾等水生生物死亡，同时还危及人的身体健康。

本门仅 1 纲——蓝藻纲（Cyanophyceae）。蓝藻纲包括 4 目。本书收录了色球藻目（Chroococcales）、颤藻目（Oscillatoriales）和念珠藻目（Nostocales）。

分属检索表①

1（14）单细胞群体，不形成真正的丝状体；复杂群体类型具极性或分化的细胞 ……………………………………………………………… 色球藻目 Chroococcales

2（7）单细胞或漂浮群体；不规则扁平的或圆球形群体，中央具胶柄系统 ……………………………………………………… 平裂藻科 Merismopediaceae

3（6）单细胞或不规则的、管状的群体

4（5）2 个或多个细胞组成的球形、卵形、椭圆形或不规则形的群体 …………… ……………………………………………… （二）隐球藻属 *Aphanocapsa*

5（4）群体由一层细胞组成平板状群体，细胞排列整齐，两个一对，两对一组 ……………………………………………… （三）平裂藻属 *Merismopedia*

6（3）圆球形群体，细胞呈辐射状或多或少沿周排列；有时具中央位的胶柄系统 ……………………………………………… （四）腔球藻属 *Coelosphaerium*

7（2）单细胞或漂浮群体；群体细胞中央不具胶柄系统

8（9）由少数细胞组成的圆球形群体 ………………………………………… …………………………… 色球藻科 Chroococcaceae——（七）色球藻属 *Chroococcus*

9（8）由多数细胞组成的不规则形群体

10（11）群体细胞仅具 1 个分裂面或三轴互相垂直或成行排列成不规则群体，有时形成假丝状 ……聚球藻科 Synechococcaceae——（一）隐杆藻属 *Aphanothece*

11（10）群体细胞具 3 个分裂面，群体球形、椭圆形或不规则形，有时在群体上有穿孔，形成网状或窗格状团块 …………………… 微囊藻科 Microcystaceae

12（13）群体不呈立方形；水生，自由漂浮或附着 …………………………… ………………………………………………… （五）微囊藻属 *Microcystis*

13（12）群体不呈立方形；亚气生或气生 ……… （六）粘球藻属 *Gloeocapsa*

14（1）真正的丝状体，组成丝状体的细胞彼此相连

15（28）不形成（厚壁）孢子或异形胞 ………………… 颤藻目 Oscillatoriales

16（19）藻丝长；藻丝单生或垫状；常具鞘 ………… 席藻科 Phormidiaceae

17（18）气囊分散在整个细胞；藻丝圆柱状或末端为短的狭窄，有时末端细

---

① 连续平行式检索表：将一对互相区别的特征用两个不同的项号表示，其中后一项号加括弧，以表示它们是相对比的项目，如 1（14）和 14（1）查阅时，若其性状符合 1 时，就向下查 2。若不符合 1 时，就查相对比的项号 14，如此类推，直到查明其分类等级。

胞具帽状结构或细胞壁增厚 ……………………………（十）浮丝藻属 *Planktothrix*

18（17）许多小气囊分散位于细胞周边；藻丝末端常明显狭窄；常不具帽状结构或细胞壁增厚 ……………………（十一）拟浮丝藻属 *Planktothricoides*

19（16）藻丝长；藻丝单生或垫状；无鞘

20（25）藻丝细胞短圆盘状 ………………………… 颤藻科 Oscillatoriaceae

21（24）藻丝直，不为螺旋状弯曲

22（23）藻丝具鞘 …………………………（十二）鞘丝藻属 *Lyngbya*

23（22）藻丝不具鞘 …………………………（十三）颤藻属 *Oscillatoria*

24（21）藻丝规则地螺旋扭曲 …………………（十四）螺旋藻属 *Spirulina*

25（20）藻丝细胞长大于宽 …………………… 伪鱼腥藻科 Pseudanabaenaceae

26（27）藻丝不具薄的鞘 …………………（九）伪鱼腥藻属 *Pseudanabaena*

27（26）藻丝具薄的鞘 …………………（八）细鞘丝藻属 *Leptolyngbya*

28（15）形成（厚壁）孢子或异形胞；丝状体无分枝 …………………………
……………………… 念珠藻目 Nostocales——念珠藻科 Nostocaceae

29（30）藻丝短，弯曲，两端尖细或一端尖细 ………………………………
…………………………………………（十九）尖头藻属 *Raphidiopsis*

30（29）藻丝长，两端不尖细

31（32）异形胞顶生 ……………… （十八）拟柱孢藻属 *Cylindrospermopsis*

32（31）异形胞间生

33（34）藻体不成束；藻丝末端细胞常尖细 ……（十六）矛丝藻属 *Cuspidothrix*

34（33）藻丝单生或成束；藻丝末端细胞不尖细

35（36）藻丝所有细胞形态相同 ……… （十五）长孢藻属 *Dolichospermum*

36（35）藻丝末端细胞延长，略尖细 …… （十七）束丝藻属 *Aphanizomenon*

（一）隐杆藻属 *Aphanothece*（图 4-1 和图 4-2）

植物体为由 2 个至多数细胞组成的群体，群体呈球形、卵形、椭圆形或不规则形，小的仅在显微镜下才能见到，大的可达几厘米，肉眼可见。群体胶被厚而柔软，呈无色、黄色、棕色或蓝绿色。细胞球形，常常 2 个或 4 个细胞一组分布于群体中，每组间有一定距离。个体胶被不明显，或仅有痕迹。原生质体均匀，无气囊，呈浅蓝色、亮蓝色或灰蓝色。细胞有 3 个分裂面。

（二）隐球藻属 *Aphanocapsa*（图 4-3～图 4-6）

植物体为由 2 个至多数细胞组成的群体，群体呈球形、卵形、椭圆形或不规则形。群体胶被厚而柔软，呈无色、黄色、棕色或蓝绿色。细胞球形，常常 2 个或 4 个细胞一组分布于群体中。个体胶被不明显，或仅有痕迹。原生质体均匀，无假空胞，呈浅蓝色、亮蓝色或灰蓝色。

（三）平裂藻属 *Merismopedia*（图 4-7～图 4-14）

植物体小型、浮游，为一层细胞厚的平板状群体，群体方形或长方形。细胞球形或椭圆形，内含物均匀，少数具伪空泡或微小颗粒。细胞排列规则，两个一对，两对一组，4 组成小群，小群集合成平板状植物体。

（四）腔球藻属 *Coelosphaerium*（图 4-15～图 4-18）

群体微小，略为圆球形或卵形，有时由子群体组成，老群体罕见不规则形，常为自由漂浮。胶被薄，无色，常无明显界限。胶质仅在细胞周边层周围或围绕边沿形成胶质层。细胞一层，位于群体周边，圆形，分裂后为半球形，常彼此分离，具或无气囊。胶质均匀，薄，无结构，群体中央无胶柄系统。细胞分裂为两个彼此垂直面连续分裂。

（五）微囊藻属 *Microcystis*（图 4-19～图 4-70）

植物体团块由许多小群体联合组成，微观或肉眼可见。自由漂浮于水中或附生于水中其他生物上。群体球形、椭圆形或不规则形，有时在群体上有穿孔，形成网状或窗格状团块。群体胶被无色、透明，少数种类具有颜色。细胞球形或椭圆形。群体中细胞数目极多，排列紧密而有规律。原生质体呈浅蓝绿色、亮蓝绿色或橄榄绿色。营漂浮生活种类的细胞中常含有气囊。非漂浮的种类，细胞内原生质体大都均匀，无假空胞。以细胞分裂进行繁殖，有 3 个分裂面。

（六）粘球藻属 *Gloeocapsa*（图 4-71 和图 4-72）

植物团块呈球形或不定型，为由 2～8 个以至数百个细胞组成的群体；群体胶被均匀，透明或有明显层理，有无色、黄色、褐色等各种色彩。细胞球形，个体胶被一般融合在群体胶被中，有时也能看到其痕迹，或新旧胶被互相形成不规则层次。原生质体均匀，或含有颗粒体，色彩多样，常因种的不同而有差别，有灰蓝绿色、蓝青色、橄榄绿色、橘黄色、紫色、黄色、红色等。细胞有两个或三个面分裂。以细胞分裂或群体断裂进行繁殖。生境：主要为亚气生或气生性种类，多生长在潮湿土壤及岩石上，水生种类较少。

（七）色球藻属 *Chroococcus*（图 4-73～图 4-84）

植物体少数为单细胞，多数为由 2～6 个以至更多细胞组成的群体。群体胶被较厚，均匀或分层，透明或呈黄褐色、红色、紫蓝色。细胞球形或半球形，个体细胞胶被均匀或分层。原生质体均匀或具有颗粒，呈灰色、淡蓝绿色、蓝绿色、橄榄绿色、黄色或褐色，气囊有或无。细胞有 3 个分裂面。

（八）细鞘丝藻属 *Leptolyngbya*（图 4-85 和图 4-86）

柱状藻丝细，宽 0.5～2（～3）μm，略呈波状。细胞方形或长圆柱形，具薄的鞘；伪分枝偶然发生；横壁收缢，但不太明显；细胞内无气囊，也无颗粒；藻丝断裂形成不动的藻殖囊，无死细胞。

（九）伪鱼腥藻属 *Pseudanabaena*（图 4-87～图 4-96）

藻丝单生，自由漂浮或为薄的垫状，通常直出或弓形，少数为波状，由很少到几个圆柱形的或长或短的细胞组成，细胞横壁常明显收缢。藻丝无薄而硬的鞘，但常具宽的、稀的、水溶性的胶被，顶端细胞无分化。细胞常为两端钝圆的圆柱状，有时几乎呈桶形，长大于宽，罕见方形，具或不具顶端位气囊。细胞分裂为垂直于纵轴的双分式，有时分裂不对称。以藻殖段或藻丝断裂的方式进行繁殖。

（十）浮丝藻属 *Planktothrix*（图 4-97～图 4-108）[①]

藻丝单生，自由漂浮，略直或略不规则波状或弯曲，等极，圆柱状，横壁不收缢或收缢，形成水华时常由团块状聚合成不规则的簇或扩散成紧密的丛，长可达 4mm，宽（2）3～12（15）pm，末端略渐细或不渐细，有时末端细胞具帽状结构，无鞘，也无胶质包被，偶尔（在特别不良条件下或培养时）具稀的可见的鞘，有一种在自然条件下出现鞘，无伪分枝。细胞圆柱形，罕见略为桶形，常长较宽小或达到近方形，罕见长大于宽的。顶端细胞为宽圆钝状或狭的锥状，有时具帽状结构或外壁增厚。该属的特征是有时在藻丝中出现一段（节）（几个细胞）细胞

---

① 此属的种类以往分别放在颤藻属或鞘丝藻属中，科马雷克（Komarek）和寇玛克娃（Komarkova）根据超微结构特征和分子系统学认为此种应独立成为一个属，此属的许多种类为形成水华蓝藻的优势种或在水华中出现。

无气囊，它们比其他细胞透亮，可能是固氮的。细胞分裂面垂直于藻丝纵轴。以藻丝裂解形成藻殖囊进行繁殖。

（十一）拟浮丝藻属 *Planktothricoides*（图 4-109～图 4-114）

藻丝单生，自由漂浮，一般直出，末端渐细，藻丝近顶端略弯，等极，横壁略收缢或不收缢，宽（3.5）6～11μm，偶尔具很薄的、无色的鞘，许多小的气囊分散在细胞周边，气囊易于破裂。无藻红素，不能进行色素适应性的互补。DNA 碱基中 GC 含量约为 44%。细胞分裂面垂直于藻丝纵轴。以形成藻殖段进行繁殖。

（十二）鞘丝藻属 *Lyngbya*（图 4-115 和图 4-116）

丝体罕见单生，常为密集的、大的、似革状的层状。丝体罕见伪分枝，波状。藻丝具鞘，鞘有时分层。藻丝由盘状细胞组成。

（十三）颤藻属 *Oscillatoria*（图 4-117～图 4-137）

植物体为单条藻丝或由许多藻丝组成的皮壳状和块状的漂浮群体，无鞘或罕见极薄的鞘。藻丝不分枝，直或扭曲，能颤动，可匍匐式或旋转式运动。横壁处收缢或不收缢。顶端细胞形状多样，末端增厚或具帽状体。细胞短柱形或盘状。内含物均匀或具颗粒，少数具气囊。

（十四）螺旋藻属 *Spirulina*（图 4-138）

藻体为单细胞或多细胞圆柱形，无鞘，或疏松或紧密地卷曲成规则的螺旋状。藻丝顶端通常不渐尖，顶端细胞钝圆，无帽状结构。细胞间的横隔壁不明显，不收缢。

（十五）长孢藻属 *Dolichospermum*（图 4-139～图 4-162）

从具气囊、漂浮的鱼腥藻属分离出来，藻丝等极，分节，细胞横壁具收缢，无硬的鞘，有时具薄的、水溶性的胶质包被，藻丝的生长在理论上是无限的。顶端细胞在形态学上与营养细胞相同，无分化，都能进行分裂。生长时期的细胞都具有气囊群，遍布于整个细胞，在显微镜下可见。异形胞间位，单个（例外时有成双的），由营养细胞在分节的位置分化形成。厚壁孢子是副异形胞类型，单生到

5（6）个一列，它们向异形胞方向连续发育形成，常由 2 至几个相邻营养细胞融合后形成，成熟的厚壁孢子常比营养细胞大 3 倍或更多倍，所有形态种营养时期都是漂浮的，从不在基质上形成着生的垫状，藻丝单生成小的丛簇。水华长孢藻为此属的模式种。

（十六）矛丝藻属 *Cuspidothrix*（图 4-163～图 4-170）

从束丝藻属 *Aphanizomenon* 分离出来，藻丝自由漂浮，常生长于淡水中，直或弯曲，甚少螺旋卷曲，单生圆柱状，无鞘或具很薄但很明显的黏质，横壁略收缢或不收缢，宽可达 6μm，两端渐狭。细胞几乎呈桶形、方形或长大于宽，具细颗粒，同时具气囊。顶端细胞长形，渐尖，透明，钝尖或锐，罕见成双，长形和略尖。异形胞间位，单生，圆柱形或椭圆形。厚壁孢子间位，单生，呈圆柱形（1 个种几乎为圆球形），远离异形胞或位于其一侧，藻丝具 1 或 2 个厚壁孢子，藻丝为近对称结构。

（十七）束丝藻属 *Aphanizomenon*（图 4-171～图 4-174）

藻丝多数为直立的，少数略弯曲，常多数集合形成盘状或纺锤状群体。无鞘，顶端尖细。异形胞间生。孢子远离异形胞。

（十八）拟柱孢藻属 *Cylindrospermopsis*（图 4-175～图 4-180）

藻丝自由漂浮，单生，直、弯或似螺旋样卷曲，几个种末端渐狭，无鞘。藻丝等极（藻丝仅具 1 个异形胞为异极的），近对称，横壁有或无收缢。细胞圆柱形或圆桶形，通常长明显大于宽，呈灰蓝绿色、浅黄色或橄榄绿色，具气囊。末端细胞圆锥形或顶端钝或尖。异形胞位于藻丝末端，卵形、倒卵形或圆锥形，有时略弯曲，似水滴形，具单孔，它们由藻丝顶端细胞不对称地分裂发育形成，而且藻丝两顶端细胞的分裂是不同步的。厚壁孢子椭圆形、圆柱形，在藻丝卷曲的种类中常略弯曲，通常远离异形胞，罕见邻近顶端异形胞，以藻丝断裂作用和厚壁孢子进行繁殖。此属许多种类会形成水华，而且产生蓝藻毒素（cyanotoxin）、拟柱孢藻毒素（cylindrospermopsin）。

（十九）尖头藻属 *Raphidiopsis*（图 4-181～图 4-186）

细胞列短而弯曲，无鞘，两端尖细或一端尖细。细胞圆柱形，有或无气囊；无异形胞。具厚壁孢子，单生或成对，位于藻丝中间。

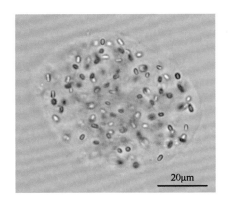

图 4-1　窗格隐杆藻

Aphanothece clathrata

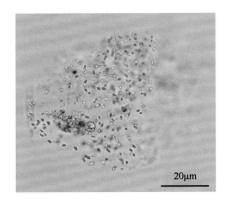

图 4-2　窗格隐杆藻

Aphanothece clathrata

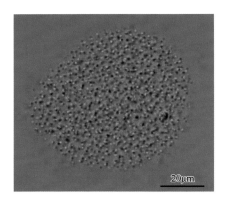

图 4-3　微小隐球藻

Aphanocapsa delicatissima

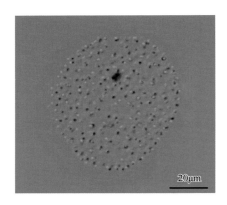

图 4-4　细小隐球藻

Aphanocapsa elachista

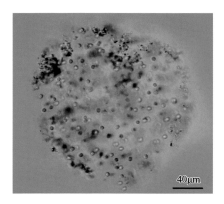

图 4-5　美丽隐球藻

Aphanocapsa pulchra

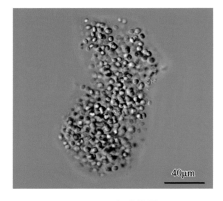

图 4-6　隐球藻属

Aphanocapsa sp.

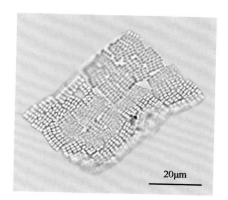

图 4-7 旋折平裂藻

Merismopedia convolute

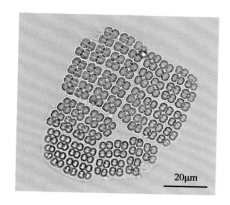

图 4-8 优美平裂藻

Merismopedia elegans

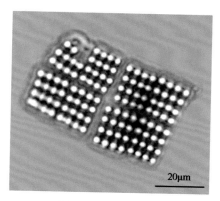

图 4-9 银灰平裂藻

Merismopedia glauca

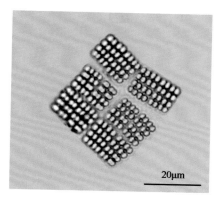

图 4-10 马氏平裂藻

Merismopedia marssonii

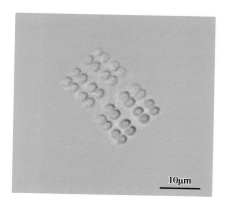

图 4-11 点形平裂藻

Merismopedia punctata

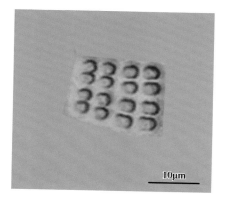

图 4-12 点形平裂藻

Merismopedia punctata

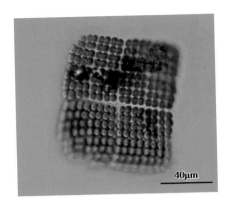

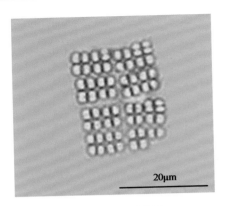

图 4-13　平裂藻属

Merismopedia sp.

图 4-14　平裂藻属

Merismopedia sp.

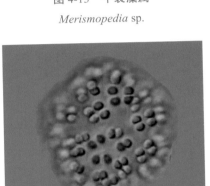

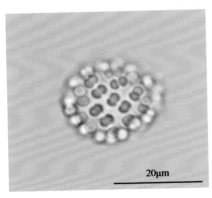

图 4-15　居氏腔球藻

Coelosphaerium kutzingianum

图 4-16　居氏腔球藻

Coelosphaerium kutzingianum

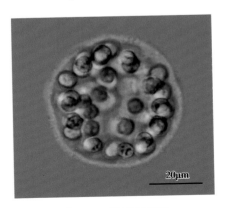

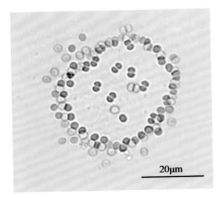

图 4-17　纳氏腔球藻

Coelosphaerium naegelianum

图 4-18　纳氏腔球藻

Coelosphaerium naegelianum

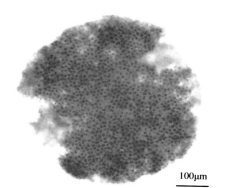

图 4-19 铜绿微囊藻
Microcystis aeruginosa

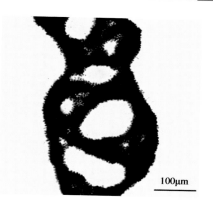

图 4-20 铜绿微囊藻
Microcystis aeruginosa

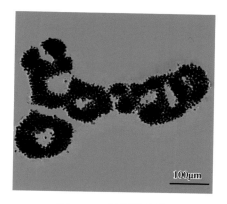

图 4-21 铜绿微囊藻
Microcystis aeruginosa

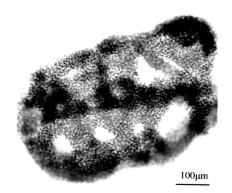

图 4-22 铜绿微囊藻
Microcystis aeruginosa

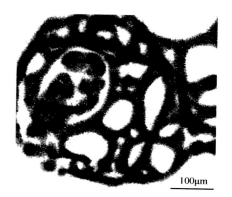

图 4-23 铜绿微囊藻
Microcystis aeruginosa

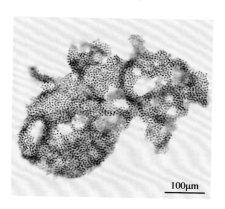

图 4-24 铜绿微囊藻
Microcystis aeruginosa

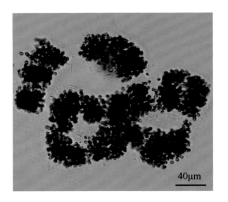

图 4-25　放射微囊藻

Microcystis botrys

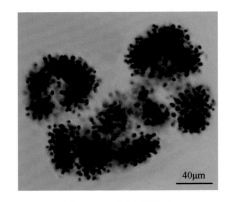

图 4-26　放射微囊藻

Microcystis botrys

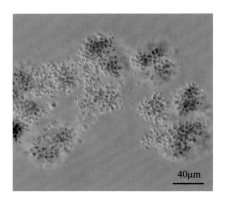

图 4-27　放射微囊藻

Microcystis botrys

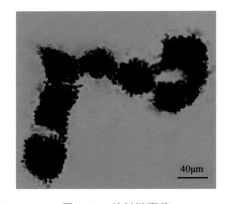

图 4-28　放射微囊藻

Microcystis botrys

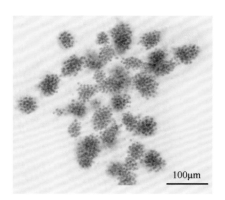

图 4-29　放射微囊藻

Microcystis botrys

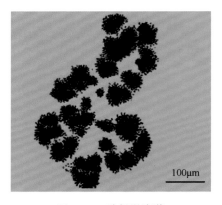

图 4-30　放射微囊藻

Microcystis botrys

图 4-31　坚实微囊藻
Microcystis firma

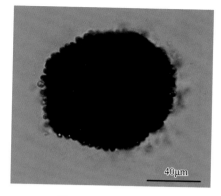

图 4-32　坚实微囊藻
Microcystis firma

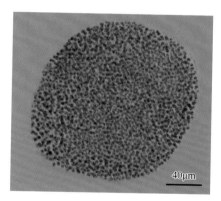

图 4-33　水华微囊藻
Microcystis flos-aquae

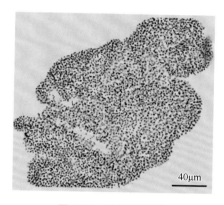

图 4-34　水华微囊藻
Microcystis flos-aquae

图 4-35　水华微囊藻
Microcystis flos-aquae

图 4-36　水华微囊藻
Microcystis flos-aquae

图 4-37 鱼害微囊藻
Microcystis ichthyoblabe

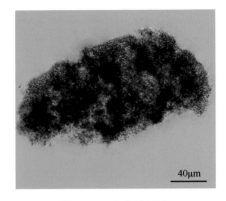

图 4-38 鱼害微囊藻
Microcystis ichthyoblabe

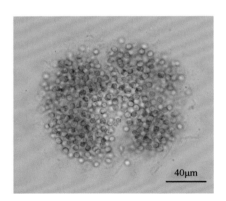

图 4-39 挪氏微囊藻
Microcystis novacekii

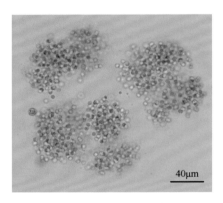

图 4-40 挪氏微囊藻
Microcystis novacekii

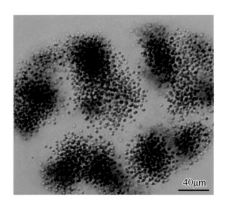

图 4-41 挪氏微囊藻
Microcystis novacekii

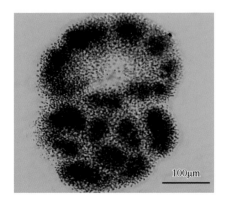

图 4-42 挪氏微囊藻
Microcystis novacekii

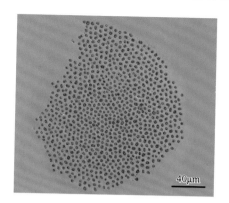

图 4-43　片状微囊藻

Microcystis panniformis

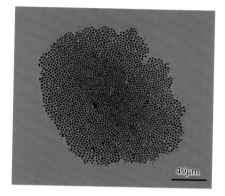

图 4-44　片状微囊藻

Microcystis panniformis

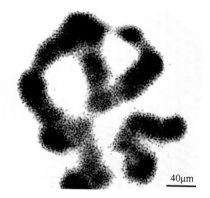

图 4-45　假丝微囊藻

Microcystis pseudofilamentosa

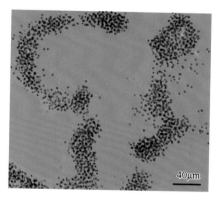

图 4-46　假丝微囊藻

Microcystis pseudofilamentosa

图 4-47　假丝微囊藻

Microcystis pseudofilamentosa

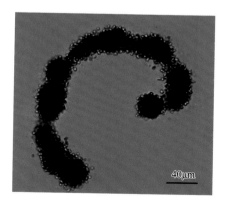

图 4-48　假丝微囊藻

Microcystis pseudofilamentosa

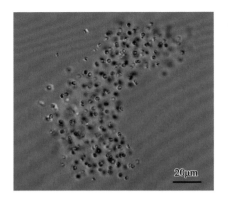

图 4-49 史密斯微囊藻
Microcystis smithii

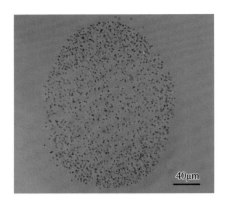

图 4-50 史密斯微囊藻
Microcystis smithii

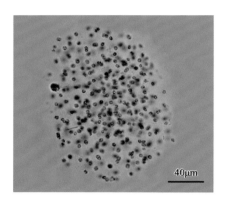

图 4-51 史密斯微囊藻
Microcystis smithii

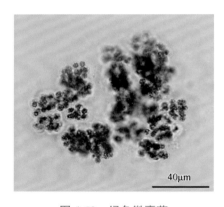

图 4-52 绿色微囊藻
Microcystis viridis

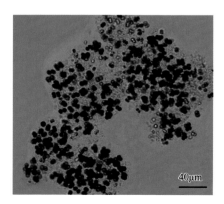

图 4-53 绿色微囊藻
Microcystis viridis

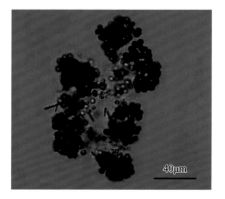

图 4-54 绿色微囊藻
Microcystis viridis

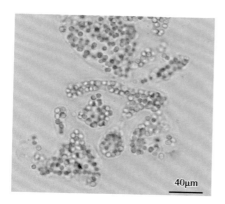

图 4-55　惠氏微囊藻

Microcystis wesenbergii

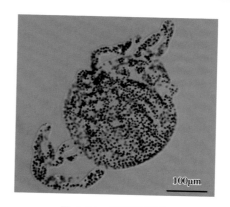

图 4-56　惠氏微囊藻

Microcystis wesenbergii

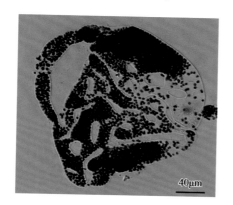

图 4-57　惠氏微囊藻

Microcystis wesenbergii

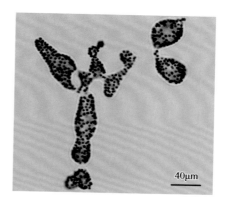

图 4-58　惠氏微囊藻

Microcystis wesenbergii

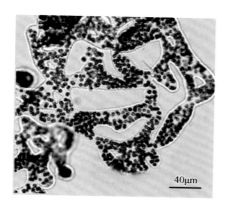

图 4-59　惠氏微囊藻

Microcystis wesenbergii

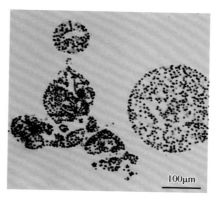

图 4-60　惠氏微囊藻

Microcystis wesenbergii

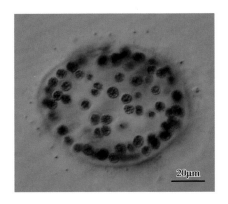

图 4-61　微囊藻属

Microcystis sp.

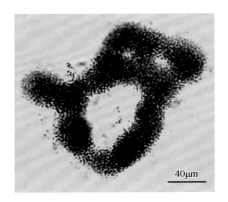

图 4-62　微囊藻属

Microcystis sp.

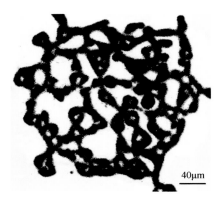

图 4-63　微囊藻属

Microcystis sp.

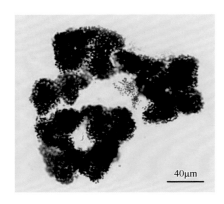

图 4-64　微囊藻属

Microcystis sp.

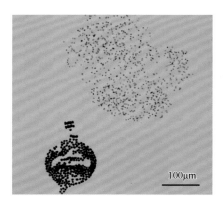

图 4-65　微囊藻属

Microcystis sp.

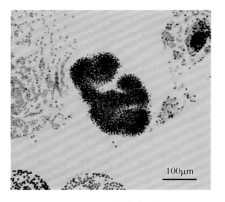

图 4-66　微囊藻属

Microcystis sp.

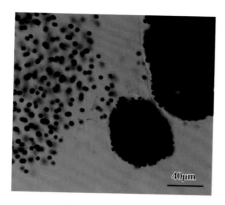

图 4-67　微囊藻属

Microcystis sp.

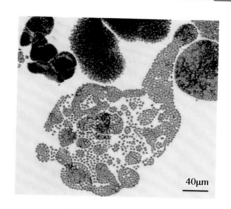

图 4-68　微囊藻属

Microcystis sp.

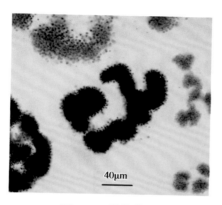

图 4-69　微囊藻属

Microcystis sp.

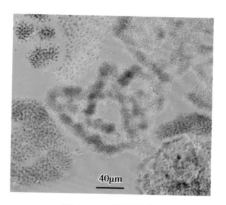

图 4-70　微囊藻属

Microcystis sp.

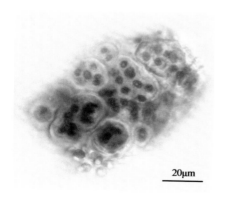

图 4-71　粘球藻属

Gloeocapsa sp.

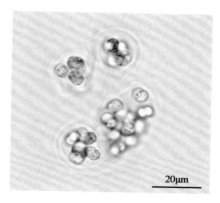

图 4-72　粘球藻属

Gloeocapsa sp.

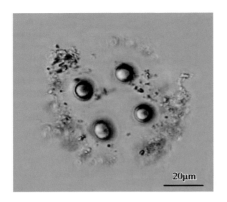

图 4-73 湖沼色球藻
Chroococcus limneticus

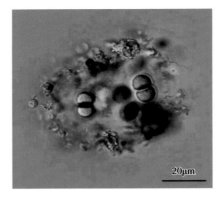

图 4-74 湖沼色球藻
Chroococcus limneticus

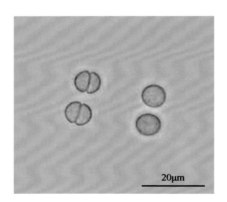

图 4-75 微小色球藻
Chroococcus minutus

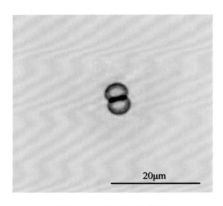

图 4-76 微小色球藻
Chroococcus minutus

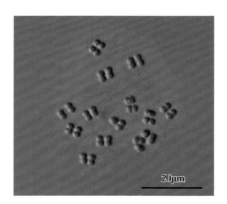

图 4-77 立方色球藻
Chroococcus cubicus

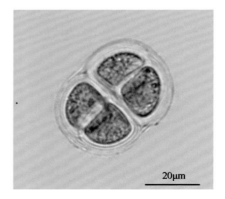

图 4-78 光辉色球藻
Chroococcus splendidus

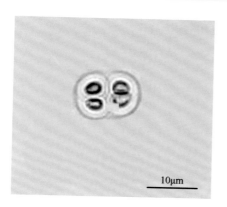

图 4-79　束缚色球藻
Chroococcus tenax

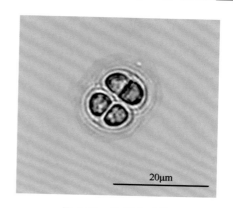

图 4-80　束缚色球藻
Chroococcus tenax

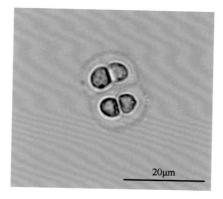

图 4-81　束缚色球藻
Chroococcus tenax

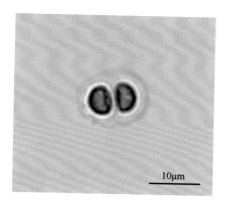

图 4-82　色球藻属
Chroococcus sp.

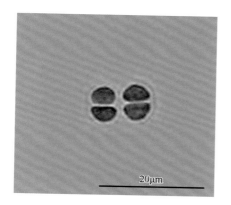

图 4-83　色球藻属
Chroococcus sp.

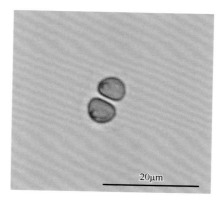

图 4-84　色球藻属
Chroococcus sp.

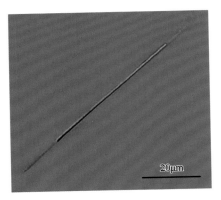

图 4-85 细鞘丝藻属

Leptolyngbya sp.

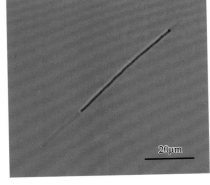

图 4-86 细鞘丝藻属

Leptolyngbya sp.

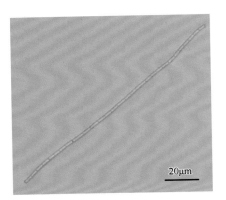

图 4-87 项圈形伪鱼腥藻

Pseudanabaena moniliformis

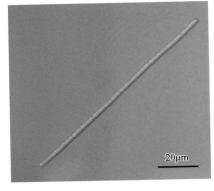

图 4-88 项圈形伪鱼腥藻

Pseudanabaena moniliformis

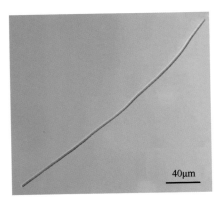

图 4-89 项圈形伪鱼腥藻

Pseudanabaena moniliformis

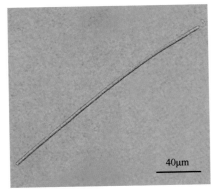

图 4-90 项圈形伪鱼腥藻

Pseudanabaena moniliformis

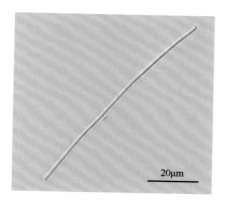

图 4-91　项圈形伪鱼腥藻

Pseudanabaena moniliformis

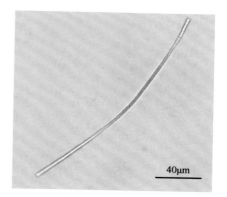

图 4-92　项圈形伪鱼腥藻

Pseudanabaena moniliformis

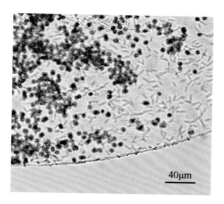

图 4-93　沃龙伪鱼腥藻

Pseudanabaena voronichinii

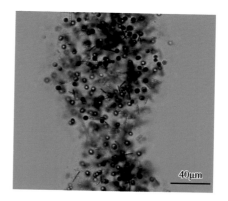

图 4-94　沃龙伪鱼腥藻

Pseudanabaena voronichinii

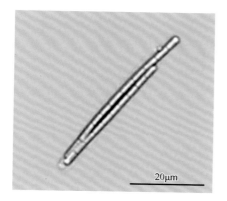

图 4-95　沃龙伪鱼腥藻

Pseudanabaena voronichinii

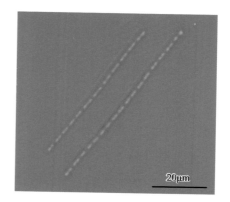

图 4-96　沃龙伪鱼腥藻

Pseudanabaena voronichinii

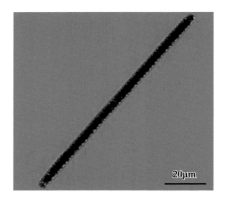

图 4-97　等丝浮丝藻

Planktothrix isothrix

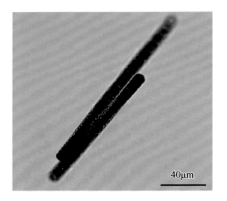

图 4-98　等丝浮丝藻

Planktothrix isothrix

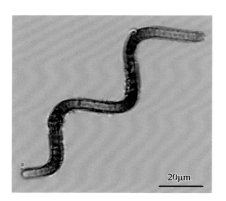

图 4-99　螺旋浮丝藻

Planktothrix spiroides

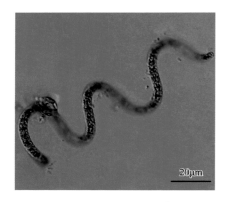

图 4-100　螺旋浮丝藻

Planktothrix spiroides

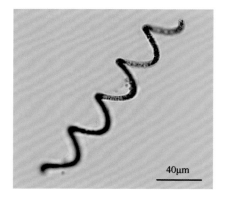

图 4-101　螺旋浮丝藻

Planktothrix spiroides

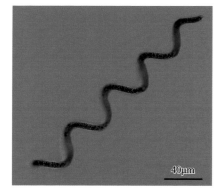

图 4-102　螺旋浮丝藻

Planktothrix spiroides

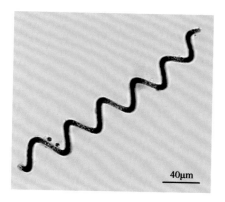

图 4-103 螺旋浮丝藻
Planktothrix spiroides

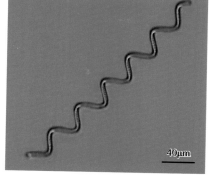

图 4-104 螺旋浮丝藻
Planktothrix spiroides

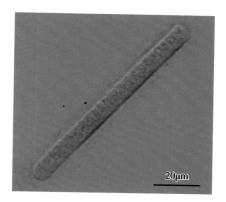

图 4-105 浮丝藻属
Planktothrix sp.

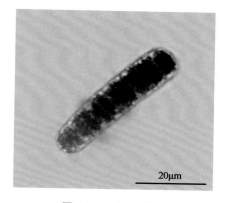

图 4-106 浮丝藻属
Planktothrix sp.

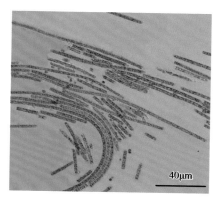

图 4-107 浮丝藻属
Planktothrix sp.

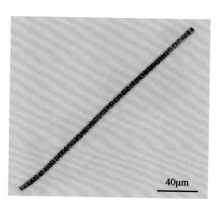

图 4-108 浮丝藻属
Planktothrix sp.

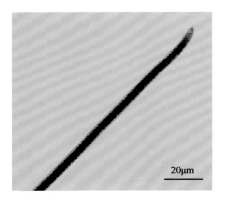

图 4-109　拉氏拟浮丝藻

Planktothricoides raciborskii

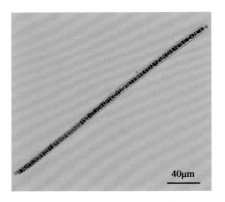

图 4-110　拉氏拟浮丝藻

Planktothricoides raciborskii

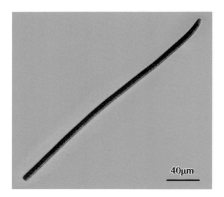

图 4-111　拉氏拟浮丝藻

Planktothricoides raciborskii

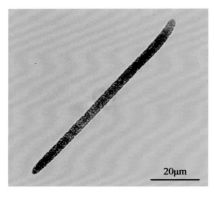

图 4-112　拉氏拟浮丝藻

Planktothricoides raciborskii

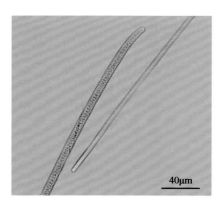

图 4-113　拉氏拟浮丝藻

Planktothricoides raciborskii

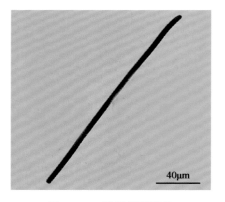

图 4-114　拉氏拟浮丝藻

Planktothricoides raciborskii

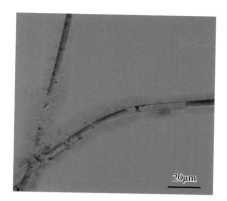

图 4-115　鞘丝藻属
Lyngbya sp.

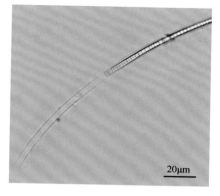

图 4-116　鞘丝藻属
Lyngbya sp.

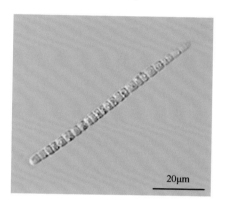

图 4-117　皮质颤藻
Oscillatoria cortiana

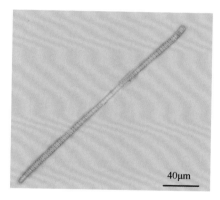

图 4-118　颗粒颤藻
Oscillatoria granulata

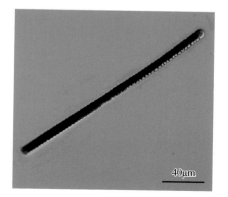

图 4-119　湖泊颤藻
Oscillatoria lacustris

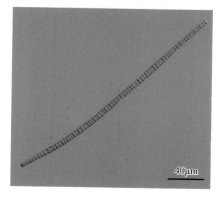

图 4-120　湖泊颤藻
Oscillatoria lacustris

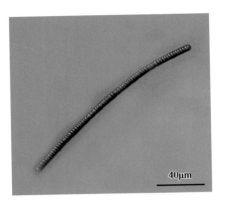

图 4-121　湖泊颤藻

Oscillatoria lacustris

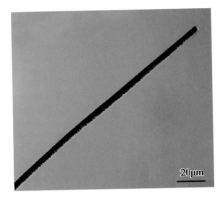

图 4-122　湖泊颤藻

Oscillatoria lacustris

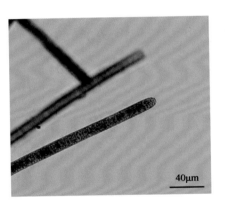

图 4-123　泥泞颤藻

Oscillatoria limosa

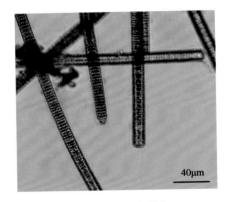

图 4-124　泥泞颤藻

Oscillatoria limosa

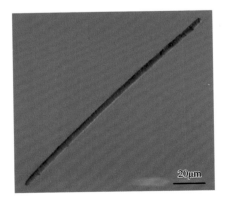

图 4-125　简单颤藻

Oscillatoria simplicissima

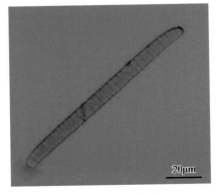

图 4-126　简单颤藻

Oscillatoria simplicissima

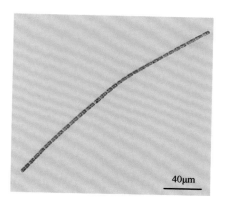

图 4-127　颤藻属

Oscillatoria sp.

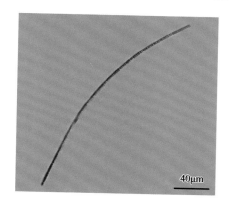

图 4-128　颤藻属

Oscillatoria sp.

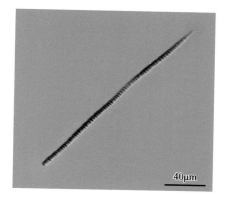

图 4-129　颤藻属

Oscillatoria sp.

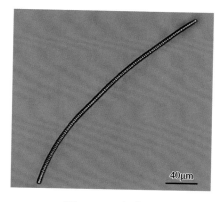

图 4-130　颤藻属

Oscillatoria sp.

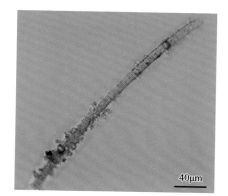

图 4-131　颤藻属

Oscillatoria sp.

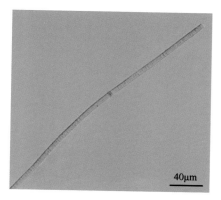

图 4-132　颤藻属

Oscillatoria sp.

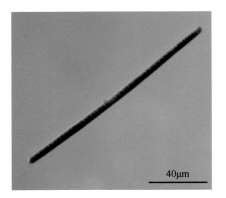

图 4-133　颤藻属

Oscillatoria sp.

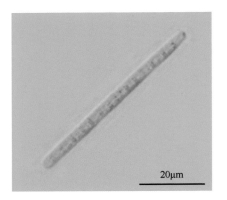

图 4-134　颤藻属

Oscillatoria sp.

图 4-135　颤藻属

Oscillatoria sp.

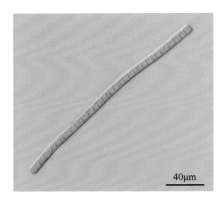

图 4-136　颤藻属

Oscillatoria sp.

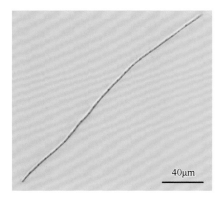

图 4-137　颤藻属

Oscillatoria sp.

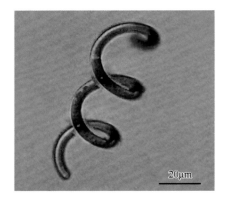

图 4-138　螺旋藻属

Spirulina sp.

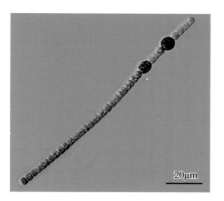

图 4-139　伯氏长孢藻
Dolichospermum bergii

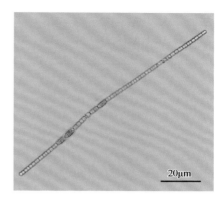

图 4-140　伯氏长孢藻
Dolichospermum bergii

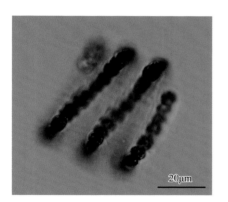

图 4-141　卷曲长孢藻
Dolichospermum circinalis

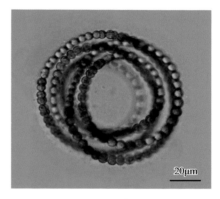

图 4-142　卷曲长孢藻
Dolichospermum circinalis

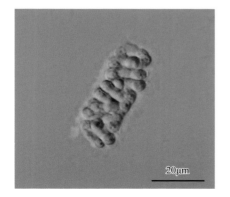

图 4-143　真紧密长孢藻
Dolichospermum eucompacta

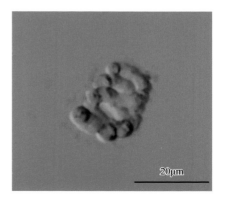

图 4-144　真紧密长孢藻
Dolichospermum eucompacta

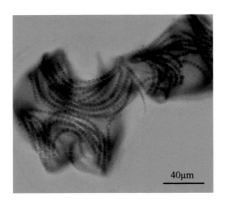

图 4-145　水华长孢藻

Dolichospermum flos-aquae

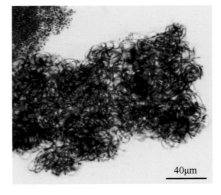

图 4-146　水华长孢藻

Dolichospermum flos-aquae

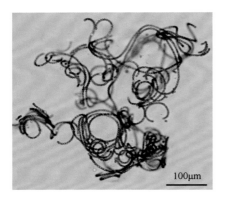

图 4-147　水华长孢藻

Dolichospermum flos-aquae

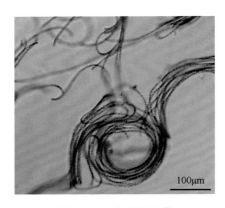

图 4-148　水华长孢藻

Dolichospermum flos-aquae

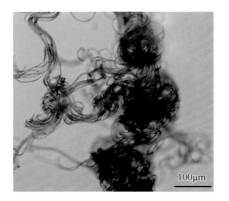

图 4-149　水华长孢藻

Dolichospermum flos-aquae

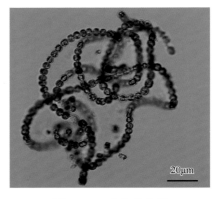

图 4-150　水华长孢藻

Dolichospermum flos-aquae

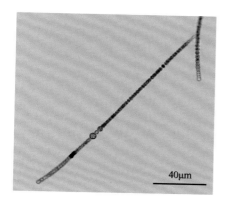

图 4-151　史密斯长孢藻
Dolichospermum smithii

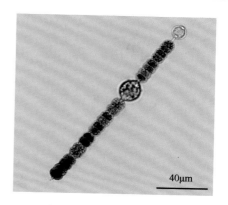

图 4-152　史密斯长孢藻
Dolichospermum smithii

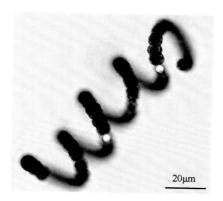

图 4-153　螺旋长孢藻
Dolichospermum spiroides

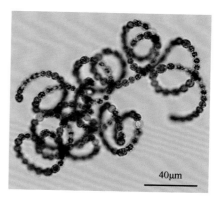

图 4-154　螺旋长孢藻
Dolichospermum spiroides

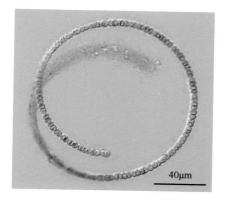

图 4-155　长孢藻属
Dolichospermum sp.

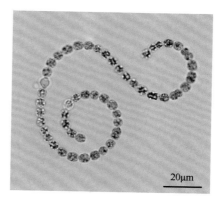

图 4-156　长孢藻属
Dolichospermum sp.

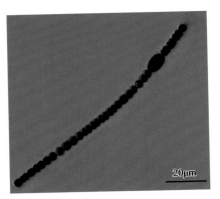

图 4-157 长孢藻属
Dolichospermum sp.

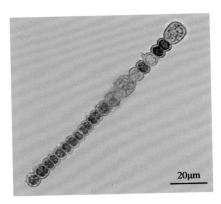

图 4-158 长孢藻属
Dolichospermum sp.

图 4-159 长孢藻属
Dolichospermum sp.

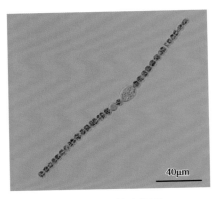

图 4-160 长孢藻属
Dolichospermum sp.

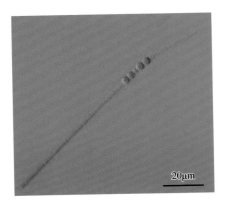

图 4-161 长孢藻属
Dolichospermum sp.

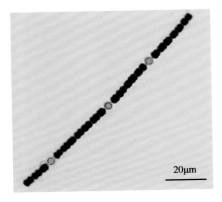

图 4-162 长孢藻属
Dolichospermum sp.

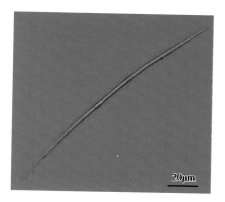

图 4-163 依沙矛丝藻
Cuspidothrix issatschenkoi

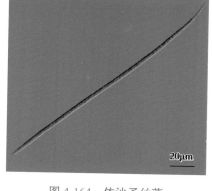

图 4-164 依沙矛丝藻
Cuspidothrix issatschenkoi

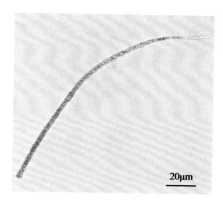

图 4-165 依沙矛丝藻
Cuspidothrix issatschenkoi

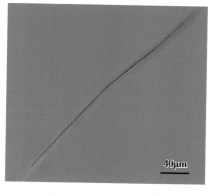

图 4-166 依沙矛丝藻
Cuspidothrix issatschenkoi

图 4-167 依沙矛丝藻
Cuspidothrix issatschenkoi

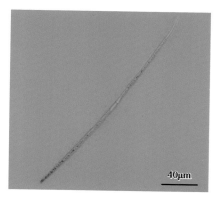

图 4-168 依沙矛丝藻
Cuspidothrix issatschenkoi

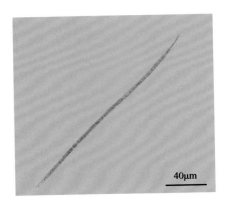

图 4-169　依沙矛丝藻
Cuspidothrix issatschenkoi

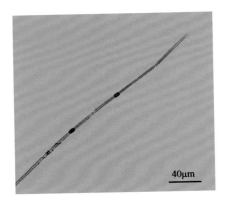

图 4-170　依沙矛丝藻
Cuspidothrix issatschenkoi

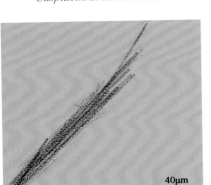

图 4-171　水华束丝藻
Aphanizomenon flos-aquae

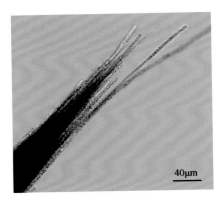

图 4-172　水华束丝藻
Aphanizomenon flos-aquae

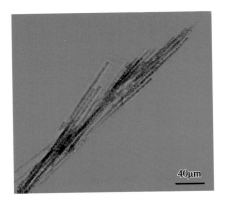

图 4-173　水华束丝藻
Aphanizomenon flos-aquae

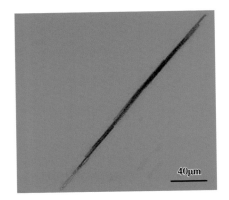

图 4-174　水华束丝藻
Aphanizomenon flos-aquae

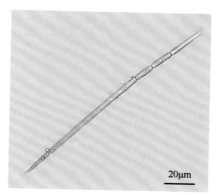

图 4-175 拉氏拟柱孢藻
Cylindrospermopsis raciborskii

图 4-176 拉氏拟柱孢藻
Cylindrospermopsis raciborskii

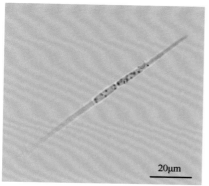

图 4-177 拉氏拟柱孢藻
Cylindrospermopsis raciborskii

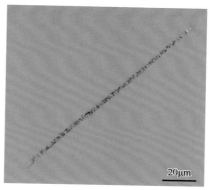

图 4-178 拉氏拟柱孢藻
Cylindrospermopsis raciborskii

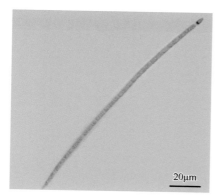

图 4-179 拉氏拟柱孢藻
Cylindrospermopsis raciborskii

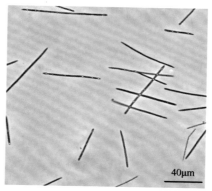

图 4-180 拉氏拟柱孢藻
Cylindrospermopsis raciborskii

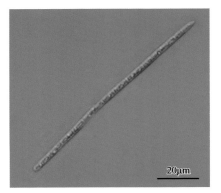

图 4-181　地中海尖头藻
Raphidiopsis mediterraneadi

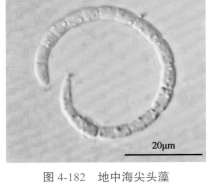

图 4-182　地中海尖头藻
Raphidiopsis mediterraneadi

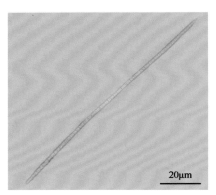

图 4-183　地中海尖头藻
Raphidiopsis mediterraneadi

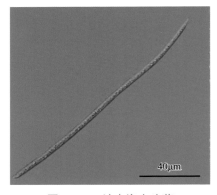

图 4-184　地中海尖头藻
Raphidiopsis mediterraneadi

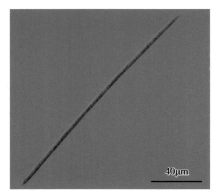

图 4-185　地中海尖头藻
Raphidiopsis mediterraneadi

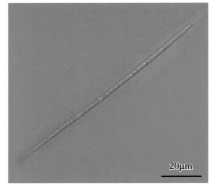

图 4-186　地中海尖头藻
Raphidiopsis mediterraneadi

第五章

金藻门 Chrysophyta

　　金藻门中自由运动种类为非细胞或群体，群体的种类由细胞放射状排列成球形或卵形体，有的具透明的胶被，不能运动的种类为变形虫状、胶群体状、球粒形、叶状体形、分枝或不分枝状体形，细胞球形、椭圆形、卵形或梨形。运动种类细胞前端具 1 条、2 条等长或不等长的鞭毛，具 2 条鞭毛的种类，短的 1 条为尾鞭形，仅由轴丝形成，没有绒毛，长的 1 条为茸鞭形，细胞裸露或在表质覆盖许多硅质鳞片，鳞片具刺或无刺，有的种类具 2 种不同形状的鳞片，有的原生质具囊壳；不能运动的种类具细胞壁，具 1~2 个伸缩泡，位于细胞的前端或后部；细胞无色或具色素体，色素体周生，片状，1~2 个，由于胡萝卜素和岩黄素在色素中的比例较大，常呈黄色、黄褐色、黄绿色或灰黄褐色，光合作用产物为金藻昆布糖、金藻多糖和脂肪；没有蛋白核，同化产物为白糖素及脂肪；运动种类具眼点或无，眼点 1 个，位于细胞的前部或中部，具数个液泡，细胞核 1 个，位于细胞中央。生殖方式分为营养繁殖、无性繁殖和有性生殖。金藻类生长在淡水及海水中，大多数生长在透明度大、温度较低、有机质含量少的清水水体中，对水温变化较敏感，常在冬季、早春和晚秋生长旺盛。有许多种类，因它们生长的特殊要求，可被用作生物指示种类，以检测水质，评价水环境。

　　本门包括 2 纲——金藻纲（Chrysophyceae）和黄群藻纲（Synurophyceae）。

分属检索表

　　1（6）单细胞、胶群体、丝状体或群体，运动或不能运动，细胞一般不具硅质鳞片 ······························· 金藻纲 Chrysophyceae

　　2（5）细胞裸露、具鳞片或囊壳，囊壳的基部不具两个尖头状的突起 ········
·························· 色金藻目 Chromulinales

　　3（4）细胞裸露，原生质外无囊壳或鳞片 ·····························
············· 色金藻科 Chromulinaceae——（一）色金藻属 *Chromulina*

　　4（3）细胞具囊壳或鳞片 ···············
············· 锥囊藻科 Dinobryonaceae——（二）锥囊藻属 *Dinobryon*

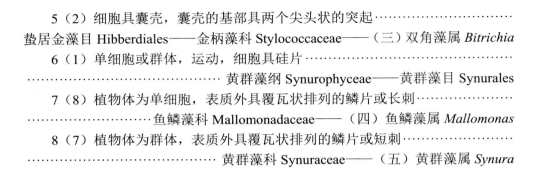

　　5（2）细胞具囊壳，囊壳的基部具两个尖头状的突起┈┈┈┈┈┈┈┈┈┈┈
蛰居金藻目 Hibberdiales——金柄藻科 Stylococcaceae——（三）双角藻属 *Bitrichia*
　　6（1）单细胞或群体，运动，细胞具硅片┈┈┈┈┈┈┈┈┈┈┈┈┈┈┈┈┈
┈┈┈┈┈┈┈┈┈┈┈┈┈┈┈┈ 黄群藻纲 Synurophyceae——黄群藻目 Synurales
　　7（8）植物体为单细胞，表质外具覆瓦状排列的鳞片或长刺┈┈┈┈┈┈┈┈┈
┈┈┈┈┈┈┈┈┈┈┈┈ 鱼鳞藻科 Mallomonadaceae——（四）鱼鳞藻属 *Mallomonas*
　　8（7）植物体为群体，表质外具覆瓦状排列的鳞片或短刺┈┈┈┈┈┈┈┈┈┈
┈┈┈┈┈┈┈┈┈┈┈┈┈┈ 黄群藻科 Synuraceae——（五）黄群藻属 *Synura*

（一）色金藻属 *Chromulina*（图 5-1 和图 5-2）

　　植物体为单细胞，呈球形、卵形、椭圆形、纺锤形或梨形等，能变形，自由运动。细胞裸露，无细胞壁，表质平滑或具小颗粒。细胞前端具 1 条鞭毛。色素体周生、片状，1 或 2 个，金黄色，通常具有眼点，位于近鞭毛的基部。细胞核 1 个，位于细胞的前部、中部或后部。金藻昆布糖位于细胞后部，球形，有 1 个或数个。

（二）锥囊藻属 *Dinobryon*（图 5-3～图 5-10）

　　植物体为树状或丛状群体，浮游或着生。细胞具圆锥形、钟形或圆柱形囊壳，前端呈圆形或喇叭状开口，后端锥形，透明或黄褐色，表面平滑或具波纹。细胞纺锤形、卵形或圆锥形；基部以细胞质短柄附着于囊壳底部，前端具 2 条不等长鞭毛，长的 1 条伸出到囊壳开口处，短的 1 条在囊壳开口内。眼点 1 个。色素体周生、片状，有 1～2 个。金藻昆布糖常为 1 个大的球状体，位于细胞的后端。

（三）双角藻属 *Bitrichia*（图 5-11 和图 5-12）

　　植物体为单细胞，原生质体外具囊壳，囊壳透明，呈球形、椭圆形、纺锤形或肾形，其顶部具 1 个领状突起，囊壳的侧面具 2 条、少数具 3 条细长的锥形刺，长为囊壳的数倍。原生质体充满囊壳，纤细分枝的细胞质丝从囊壳顶端的孔伸出，有的种类具 2 个伸缩泡。色素体周生、片状，有 1 或 2 个，金褐色。细胞核 1 个，金藻昆布糖呈颗粒状。

（四）鱼鳞藻属 *Mallomonas*（图 5-13～图 5-16）

　　植物体为单细胞，浮游。细胞呈圆柱形、椭球形、纺锤形或卵形，横断面圆形。表质坚硬，外覆盖硅质化鳞片。鳞片排列方式有横向、斜向或不规则，全部鳞片或仅顶部鳞片上有长刺。鞭毛 1 条，常与细胞长度相近。色素体多为 2 个，少数 1 个；周生，片状；常无蛋白核。具大液泡。核大形，位于细胞中部或后部。

（五）黄群藻属 *Synura*（图 5-17 和图 5-18）

　　植物体为群体，呈球形或椭圆形，无群体胶被，自由运动。细胞呈梨形、长卵形，前端广圆，后端延长成一胶柄，表质外具许多覆瓦状排列的硅质鳞片。鳞片具花纹，具或不具刺。细胞前端具 2 条略不等长的鞭毛。色素体周生、片状，有 2 个，位于细胞的两侧，黄褐色，无眼点。细胞核 1 个，位于细胞中部。

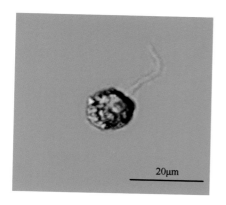

图 5-1　色金藻属
Chromulina sp.

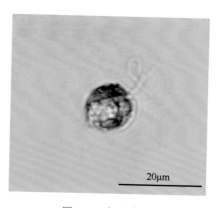

图 5-2　色金藻属
Chromulina sp.

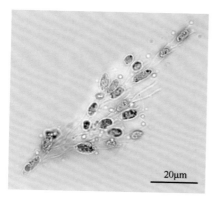

图 5-3　圆筒形锥囊藻
Dinobryon cylindricum

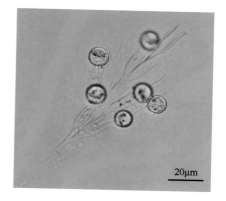

图 5-4　圆筒形锥囊藻
Dinobryon cylindricum

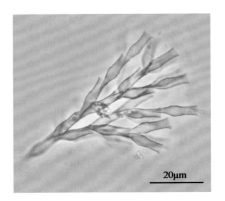

图 5-5　分歧锥囊藻
Dinobryon divergens

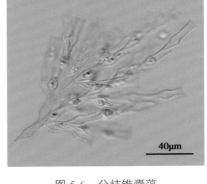

图 5-6　分歧锥囊藻
Dinobryon divergens

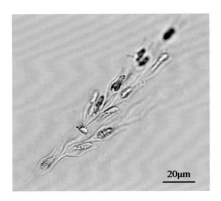

图 5-7　密集锥囊藻
Dinobryon sertularia

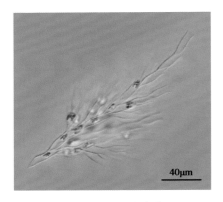

图 5-8　密集锥囊藻
Dinobryon sertularia

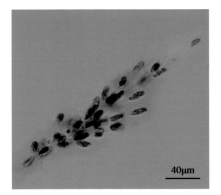

图 5-9　密集锥囊藻
Dinobryon sertularia

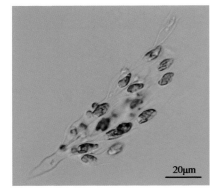

图 5-10　密集锥囊藻
Dinobryon sertularia

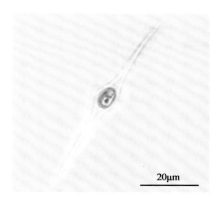

图 5-11　肾形双角藻

Bitrichia phaseolus

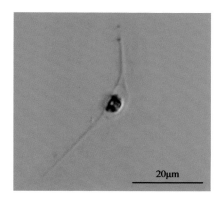

图 5-12　肾形双角藻

Bitrichia phaseolus

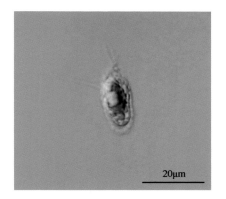

图 5-13　鱼鳞藻属

Mallomonas sp.

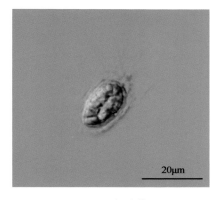

图 5-14　鱼鳞藻属

Mallomonas sp.

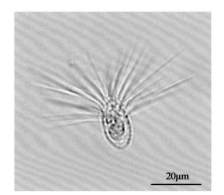

图 5-15　鱼鳞藻属

Mallomonas sp.

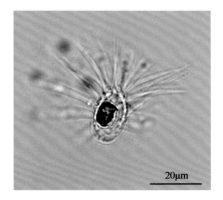

图 5-16　鱼鳞藻属

Mallomonas sp.

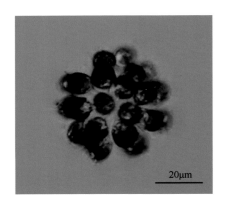

图 5-17　黄群藻属

Synura sp.

图 5-18　黄群藻属

Synura sp.

第六章

黄藻门 Xanthophyta

　　黄藻的色素体常呈黄绿色，光合色素的主要成分是叶绿素 a、少量的叶绿素 c_1 和叶绿素 c_2，以及多种类胡萝卜素，如 β-胡萝卜素、无隔藻黄素、硅藻黄素、硅甲藻黄素及黄藻黄素。储藏物质为金藻昆布糖。许多种类的营养细胞壁由大小相等或不相等的两节片套合组成，运动的营养细胞和生殖细胞具 2 条不等长的鞭毛。

　　植物体为单细胞、群体、多核管状或多细胞的丝状体。单细胞和群体中个体细胞的细胞壁多数由相等的或不相等的"U"形的 2 节片套合组成，管状或丝状体的细胞壁由"H"形的 2 节片套合组成，少数科、属的细胞壁无节片构造，或无细胞壁，具腹沟。游动的细胞或生殖细胞前端具 2 条不等长的鞭毛，长的 1 条向前，具 2 排侧生的绒毛，短的 1 条向后，平滑或无绒毛，鞭毛过渡区无螺旋结构。细胞的色素体 1 至多数，盘状、片状。少数带状或杯状，一般呈黄褐色或黄绿色，从外观颜色看很像绿藻，有或无蛋白核。

　　黄藻门植物多数生活于淡水中，有些种生活于土壤、树皮、墙壁上，少数种生活于海水中。在淡水中生活的黄藻，大多数在温度比较低的水中生长旺盛。

　　本门包括 2 纲——黄藻纲（Xanthophyceae）和针胞藻纲（Raphidophyceae）。

分属检索表

1（4）植物体单细胞，丝状或多核管状；常具细胞壁……………………………………
…………………………………………… 黄藻纲 Xanthophyceae

2（3）植物体不为丝状体，植物体为单细胞，或者为定型的或不定型的群体……………………………………………………………
柄球藻目 Mischococcales——黄管藻科 Ophiocytiaceae——（一）黄管藻属 *Ophiocytium*

3（2）植物体为丝状体……………………………………………………
黄丝藻目 Tribonematales——黄丝藻科 Tribonemataceae——（二）黄丝藻属 *Tribonema*

4（1）植物体仅为单细胞，裸露无壁……………………………………………
针胞藻纲 Raphidophyceae——针胞藻科 Raphidaceae——（三）膝口藻属 *Gonyostomum*

（一）黄管藻属 *Ophiocytium*（图 6-1～图 6-3）

植物体为单细胞，或幼植物体簇生于母细胞壁的顶端开口处形成树状群体，浮游或着生。细胞长圆柱形，长为宽的数倍。着生种类细胞较直，基部具一短柄着生在他物上；浮游种类细胞弯曲或不规则地螺旋形卷曲，两端圆形或有时略膨大，一端或两端具刺，或两端都不具刺。细胞壁由不相等两节片套合组成，长的节片分层，短的节片盖状，结构均匀。色素体 1 个至多数，周生，盘状、片状或带状。

（二）黄丝藻属 *Tribonema*（图 6-4）

植物体为不分枝丝状体。细胞圆柱形或两侧略膨大的腰鼓形，长为宽的 2～5 倍；细胞壁由"H"形两节片套合组成。色素体 1 个至多数，周生，盘状、片状或带状，无蛋白核；同化产物为油滴或金藻昆布糖，具单核。

（三）膝口藻属 *Gonyostomum*（图 6-5 和图 6-6）

细胞纵扁，正面观卵形或圆形，略能变形。鞭毛 2 条，顶生，等长或不等长。色素体多数，盘状，散生于周质层以内的细胞质中。无眼点。储蓄泡大形，位于细胞前端。伸缩泡大形，位于胞咽的一侧。刺丝胞多数，多为杆状，放射状地排列在周质层内面，或分散在细胞质中，核大形，中位。

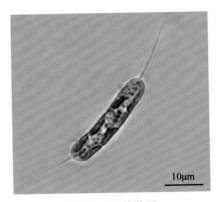

图 6-1　黄管藻属

Ophiocytium sp.

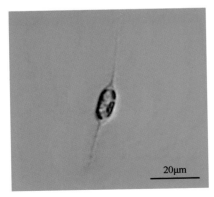

图 6-2　黄管藻属

Ophiocytium sp.

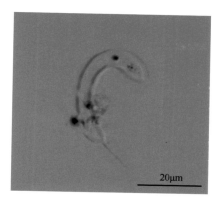

图 6-3　黄管藻属

Ophiocytium sp.

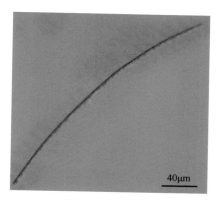

图 6-4　黄丝藻属

Tribonema sp.

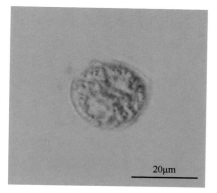

图 6-5　膝口藻属

Gonyostomum sp.

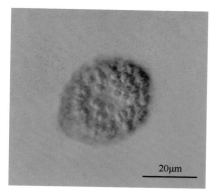

图 6-6　膝口藻属

Gonyostomum sp.

第七章

硅藻门 Bacillariophyta

　　硅藻门植物体为单细胞，或由细胞彼此连成链状、带状、丛状、放射状的群体，浮游或着生，着生种类常具胶柄系统或包被在胶质团或胶质管中。细胞壁除含果胶质外，还含有大量的复杂硅质结构，形成坚硬的硅藻细胞，或称为壳体。壳体由上下两个半片套合而成，套在外面较大的半片称为上壳，套在里面较小的半片称为下壳，上下两壳都各由盖片和缘板两部分组成。一个硅藻细胞，从垂直的方向观察细胞的盖板或底板时，称为壳面观；从水平方向观察细胞的壳环带时，称为带面观。细胞的带面观多为长方形，有的呈鼓形、圆柱形。硅藻细胞的壳面呈圆形、三角形、多角形、椭圆形、卵形、线形、披针形、菱形、舟形、新月形、"S"形、棒形、提琴形等，辐射对称或两侧对称；硅藻细胞的壳面最常见的纹饰是由细胞壁上的许多小孔紧密或较稀疏排列而成的线纹，线纹由中心向四周呈放射状排列或平行、近平行排列，在壳面壁的两侧长有狭长横列的小室，形成呈"U"形的肋纹，在壳面边缘有纵走的凸起，称为龙骨。壳面中部或偏于一侧具1条纵向的无纹平滑区，称为"中轴区"；中轴区中部，横线纹较短，形成面积较大的"中央区"；中央区中部，由于壳内壁增厚而形成"中央节"，如壳内壁不增厚，仅具圆形、椭圆形或横矩形的无纹区，称为"假中央节"；中央节两侧，沿中轴区中部有1条纵向的裂缝，称为"壳缝"；壳缝两端的壳内壁各有1个增厚部分，称为"极节"；有的种类无壳缝，仅有较狭窄的中轴区，称为"假壳缝"；有的种类的壳缝是1条纵走的或围绕壳缝的管沟，以极狭的裂缝与外界相通，管沟的内壁具数量不等的小孔与细胞内壁相连，称为"管壳缝"；壳缝与运动有关。

　　硅藻细胞的色素体为小圆盘状、片状、星状，1个、2个或多个，呈黄绿色或黄褐色，有些种类具无淀粉鞘的裸露的蛋白核，光合作用产物主要是金藻昆布糖和脂肪。营养繁殖为细胞分裂，是硅藻主要的繁殖方法。

　　硅藻分布极广，生长在淡水、半咸水、海水中，或在潮湿的土壤、岩石、树皮的表面及高等水生植物丛和苔藓中，一年四季都能生长繁殖。在夏、秋高温季节，有的硅藻在湖泊、海洋中大量繁殖，形成水华和赤潮。

　　硅藻类是一些水生动物，如浮游动物、贝类、鱼类的饵料。在水生生物生态学研究中，自 20 世纪早期直到现在，其长期被用作重要的生物指示类群，以监测水质和评价水环境。

分属检索表

1（14）细胞壳面的纹饰多呈同心放射状排列，无假壳缝或壳缝……………………………………………………………………………………中心纲 Centricae

2（9）细胞圆盘形、鼓形或圆柱形，无圆形隆起、角状突起或棘刺……………………………………… 圆筛藻目 Coscinodiscales——圆筛藻科 Coscinodiscaceae

3（6）壳体圆柱形，常连成链状

4（5）链状群体的各壳体间壳面紧贴，壳套面（带面）具明显的饰纹………………………………………………………………（一）直链藻属 Melosira

5（4）链状群体的各壳体间壳面不紧贴，壳套面（带面）无饰纹或具细弱的点纹………………………………………………（四）海链藻属 Thalassiosira

6（3）壳体圆盘状或鼓形，单细胞，极少连成疏松的链状

7（8）壳面中央区与边缘区的纹饰不同……………（二）小环藻属 Cyclotella

8（7）壳面纹饰无中央区与边缘区之分………（三）圆筛藻属 Coscinodiscus

9（2）细胞长圆柱形、盒形，具圆形隆起、角状突起或棘刺

10（11）细胞长圆柱形，具对称或不对称的长角或长刺……………………………根管藻目 Rhizoleniales——管形藻科 Solenicaceae——（五）根管藻属 Rhizosolenia

11（10）细胞盒形，具两个以上的明显的圆形隆起或角状突起，具长棘刺……………………………………………………………盒形藻目 Biddulphiales

12（13）壳面无明显的眼纹斑………………………………………………………………………………盒形藻科 Biddulphicaceae——（六）四棘藻属 Attheya

13（12）壳面具明显的眼纹斑………………………………………………………………………角盘藻科 Eupodiscaceae——（七）侧链藻属 Pleurosira

14（1）细胞壳面的纹饰多呈两侧对称、羽状排列，具假壳缝或壳缝………………………………………………………………………………羽纹纲 Pennatae

15（24）壳面的两壳面具假壳缝………………………………………………………………………无壳缝目 Araphidionales——脆杆藻科 Fragilariaceae

16（17）壳体具与壳面平行的纵隔膜

17（16）壳体不具与壳面平行的纵隔膜

18（19）壳面具肋纹及线纹………………（八）扇形藻属 Meridion

19（18）壳面无肋纹，仅具线纹

20（23）细胞两端对称

21（22）在生活状态，细胞常连成带状排列的群体……………………………
……………………………………………………（九）脆杆藻属 *Fragilaria*

22（21）在生活状态，细胞常簇生或呈放射状排列成群体………………………
……………………………………………………（十）针杆藻属 *Synedra*

23（20）细胞两端不对称，一端较宽，连成星芒状群体………………………
…………………………………………………（十一）星杆藻属 *Asterionella*

24（15）壳体的两壳面具壳缝，或一面具壳缝，另一壳面具假壳缝

25（53）壳体的两壳面均具壳缝

26（27）壳体壳面的壳缝很短，仅位于壳面两端的一侧………………………
…… 拟壳缝目 Raphidionales——短缝藻科 Eunotiaceae——（十二）短缝藻属 *Eunotia*

27（26）壳体壳面的壳缝发达，位于壳面的中间或壳缘部分

28（56）壳体壳面的壳缝线形，位于壳面的中间…… 双壳缝目 Biraphidinales

29（46）壳面两端及两侧对称 …………………………舟形藻科 Naviculaceae

30（31）壳面呈"S"形弯曲，具十字形的网状线纹 ………………………
……………………………………………………（十五）布纹藻属 *Gyrosigma*

31（30）壳面不呈"S"形弯曲

32（33）壳缝两侧具中央节延长的凸起，凸起外侧具纵沟………………………
……………………………………………………（十八）双壁藻属 *Diploneis*

33（32）壳缝两侧无中央节延长的凸起，如有也无纵沟

34（35）中央节前后的垂直管向相反方向弯曲…… （十七）长蓖藻属 *Neidium*

35（34）中央节前后的垂直管向相同方向弯曲

36（37）肋条在末端分叉，分叉部分短于不分叉部分………………………
……………………………………………………（十三）双肋藻属 *Amphipleura*

37（36）肋条在壳瓣近中间部分分叉，分叉部分超过不分叉部分…………
……………………………………………………（十四）肋缝藻属 *Frustulia*

38（41）壳面两侧具 1 条或多条空白间隙

39（40）壳面两侧的空白间隙的纵纹不呈"Z"形………………………
……………………………………………………（十六）美壁藻属 *Caloneis*

40（39）壳面两侧的空白间隙的纵纹呈"Z"形………………………
……………………………………………………（二十）异菱藻属 *Anomoeoneis*

41（38）壳面两侧无空白间隙

42（43）中心区增厚，辐节扩展到壳面的两侧………………………
……………………………………………………（十九）辐节藻属 *Stauroneis*

43（42）中心区不增厚，辐节有或无，如有也不扩展到壳面的两侧

44（45）壳面具平滑的横肋纹或1～2条纵线纹 ………………………………………………
…………………………………………………………（二十二）羽纹藻属 *Pinnularia*

45（44）壳面具横点纹或横线纹 …………………（二十一）舟形藻属 *Navicula*

46（29）壳面不对称

47（52）壳面两侧不对称 …………………………………桥弯藻科 Cymbellaceae

48（49）细胞带面两侧弧形 …………………………（二十三）双眉藻属 *Amphora*

49（48）细胞带面两侧平行

50（51）壳面具顶孔区 ……………………………（二十四）桥弯藻属 *Cymbella*

51（50）壳面无顶孔区 ……………………………（二十五）内丝藻属 *Encyonema*

52（47）壳面两端不对称 …………………………………………………………………
……………异极藻科 Gomphonemaceae——（二十六）异极藻属 *Gomphonema*

53（25）壳体仅一壳面具壳缝，另一壳面具假壳缝…………………………………………
………………………单壳缝目 Monoraphidinales——曲壳藻科 Achnanthaceae

54（55）壳面椭圆形、宽椭圆形，不具胶柄系统…………………………………………
…………………………………………………（二十七）卵形藻属 *Cocconeis*

55（54）壳面线形或披针形，具胶柄系统…（二十八）曲壳藻属 *Achnanthes*

56（28）壳体壳面的壳缝管状，位于壳缘部分…管壳缝目 Aulonoraphidinales

57（60）管壳缝常在壳面呈"V"形曲折或位于一侧壳缘的龙骨上…………………………
…………………………………………………………窗纹藻科 Epithemiaceae

58（59）壳面呈舟形或弧形弯曲，具不明显的龙骨或无，管壳缝的内壁具通入细胞内的小孔 …………………………………………（二十九）窗纹藻属 *Epithemia*

59（58）壳面多呈弓形，具明显的龙骨，管壳缝的内壁无通入细胞内的小孔…………………………………………………（三十）棒杆藻属 *Rhopalodia*

60（57）管壳缝在壳面上不呈"V"形曲折

61（64）管壳缝位于壳面的一侧 …………………………菱形藻科 Nitzschiaceae

62（63）细胞上下壳的龙骨突起互相平行，细胞横断面呈矩形………………………
…………………………………………………（三十一）菱板藻属 *Hantzschia*

63（62）细胞上下壳的龙骨突起彼此交叉相对，细胞横断面呈菱形………………
…………………………………………………（三十二）菱形藻属 *Nitzschia*

64（61）管壳缝围绕整个壳缘 …………………………双菱藻科 Surirellaceae

65（66）细胞壳面横向上下波状起伏 …………………………………………………
…………………………………………………（三十三）波缘藻属 *Cymatopleura*

66（65）细胞壳面不横向上下波状起伏 ………………………………………………
…………………………………………………（三十四）双菱藻属 *Surirella*

（一）直链藻属 *Melosira*（图 7-1～图 7-18）

植物体由细胞的壳面相互连接成链状群体，多为浮游。细胞圆柱形，极少数圆盘形、椭圆形或球形；壳面圆形，很少数为椭圆形，平或凸起，有或无纹饰，有的带面常具环沟，环沟间平滑，其余部分平滑或具纹饰，壳面常有棘或刺。色素体小圆盘状，多数。

（二）小环藻属 *Cyclotella*（图 7-19～图 7-42）

植物体为单细胞，或由胶质或小棘连接成疏松的链状群体，多为浮游。细胞鼓形，壳面圆形，极少数为椭圆形，呈同心圆皱褶的同心波曲，或与切线平行皱褶的切向波曲，极少平直。纹饰具边缘区和中央区之分，边缘区具辐射状线纹或肋纹，中央区平滑或具点纹、斑纹，部分种类壳缘具小棘。少数种类带面具间生带。色素体小盘状，多数。

（三）圆筛藻属 *Coscinodiscus*（图 7-43～图 7-45）

植物体为单细胞或连成链状群体，浮游。细胞圆盘形，少数为鼓形、柱形。壳面圆形，平坦或呈同心波曲。壳面纹饰为成束辐射状排列的网孔，其内壳面具有筛膜，壳面边缘处每束网孔为 2～5 列，向中部成为单列，在中央排列不规则或形成玫瑰纹区，网孔束之间具辐射无纹区，每条辐射无纹区或相隔数条辐射无纹区在壳套处的末端具一短刺，有时在壳面上也有支持突，壳面支持突的数目超过 1 个时，排为规则或不规则的一轮，唇形突 1 个或数个。带面平滑，具少数间生带。色素体小盘状，数个，较大而呈不规则状的仅 1～2 个。

（四）海链藻属 *Thalassiosira*（图 7-46～图 7-48）

植物体由胶质丝连成链或包被于原生质分泌的胶质块中而形成不定型群体，极少为单细胞。壳体鼓形到圆柱形，带面常见领状的间生带。壳面圆形，表面凸起、平坦或凹入，其上的网孔六角形或多角形，呈直线状、辐射状、束状、辐射螺旋状或不规则状，孔纹内层有具小穴的筛板。色素体小盘状或小片状，多数。此属与圆筛藻属的主要区别是圆筛藻属的孔室具内中孔和筛板。繁殖方式为细胞分裂；无性生殖产生复大孢子。

（五）根管藻属 *Rhizosolenia*（图 7-49 和图 7-50）

植物体为单细胞或由几个细胞连成直的、弯的或螺旋状的链状群体，浮游。细胞长棒形、长圆柱形，直、略弯，细胞壁很薄，具规律排列的细点纹，在光学显微镜下不能分辨。带面常具多数呈鳞片状、环状、领状的间生带。壳面圆形或椭圆形，具帽状或圆锥状凸起，凸起末端延长成或长或短的刚硬的棘刺。色素体小颗粒状或小圆盘状，多数，少数种类为较大的盘状或片状。

（六）四棘藻属 *Attheya*（图 7-51～图 7-54）

植物体为单细胞或由 2～3 个细胞互相连成暂时性的链状群体。细胞扁圆柱形，细胞壁极薄，平滑或具通常难以分辨的细点纹。带面长方形，具许多半环状间生带，末端楔形，无隔片。壳面扁椭圆形，中部凹入或凸出，由每个角状凸起延长成 1 条粗而长的刺。色素体小盘状，多数。

（七）侧链藻属 *Pleurosira*（图 7-55）

植物体为单细胞或相互连接成直线或"Z"字形，通过相邻细胞壳面眼纹斑分泌的胶垫相连。细胞圆柱形或近圆柱形。壳面圆形到宽椭圆形，壳面平，壳套垂直。线纹单列，自中心放射排列，没有中断，直达壳套。具粗网纹，中间具分隔或通透成假孔。在壳面和壳套连接处有 2～4 个眼纹斑和 2～15 个唇突。眼纹斑椭圆形到圆形，具密集小眼纹孔和无结构的边缘。唇突在壳面中心区域，约在中央和边缘中间位置，向外在壳面为一孔，向内突起，具裂缝开口和两唇。壳套合部分离。色素体多数，盘状。多见着生和底栖类。

（八）扇形藻属 *Meridion*（图 7-56）

植物体为由细胞互相连成扇形或螺旋形群体。壳面棒形或倒卵形，纵轴对称，横轴不对称。假壳缝狭窄，其两侧具横细线纹和肋纹。带面楔形，具 1～2 个间生带，壳内具许多发育不全的横隔膜。色素体小盘状，多数，每个色素体具 1 个蛋白核。繁殖方式为细胞分裂。无性生殖为每个母细胞形成 1 个复大孢子，不规则形。生长在小水体中。

（九）脆杆藻属 *Fragilaria*（图 7-57～图 7-68）

植物体为由细胞相互连成的带状群体，或以每个细胞的一端相连成"Z"状群体。壳面细长线形、长披针形、披针形到椭圆形，两侧对称，中部边缘略膨大或缢缩，两侧逐渐狭窄，末端钝圆、小头状、喙状。上下壳的假壳缝狭线形或宽披针形，其两侧具横点状线纹。带面长方形，无间生带和隔膜。色素体小盘状，多数，或片状，1～4 个，具 1 个蛋白核。

（十）针杆藻属 *Synedra*（图 7-69～图 7-90）

植物体为单细胞，或丛生成扇形或以每个细胞的一端相连成放射状群体，罕见形成短带状，但不形成长的带状群体。壳面线形或长披针形，从中部向两端逐渐狭窄，末端钝圆或呈小头状。假壳缝狭、线形，其两侧具横线纹或点纹，壳面中部常无花纹。带面长方形，末端截形，具明显的线纹带。无间生带和隔膜。壳面末端有或无黏液孔。色素体带状或片状，位于细胞的两侧，2 个，每个色素体常具 3 到多个蛋白核。

（十一）星杆藻属 *Asterionella*（图 7-91～图 7-96）

植物体为单细胞，细胞为长形，常形成星状群体，细胞在壳面或壳环面观有大小不等的末端，没有出现隔片或间生带，壳面观一端比另一端大，头状。壳面长轴是对称的，假壳缝狭窄，不明显。横线纹清楚。

（十二）短缝藻属 *Eunotia*（图 7-97～图 7-102）

植物体为单细胞或细胞互相连成带状群体。细胞月形、弓形，背缘凸出，拱形或呈波状弯曲，腹缘平直或凹入，两端形态、大小相同，每一端具 1 个明显的极节，上下壳面两端均具短壳缝，短壳缝从极节斜向腹侧边缘，无中央节，具横线纹，由点纹紧密排列而成。带面长方形或线形，常具间生带，无隔膜。色素体通常片状、大形，2 个，无蛋白核。

（十三）双肋藻属 *Amphipleura*（图 7-103 和图 7-104）

细胞单个，舟状，常以壳面出现。壳面纺锤形至线状披针形，两端钝圆。中央节窄而长，长度达壳面长度的一半或一半以上，在壳面两端分叉为平行的两条肋条，肋纹至顶端与极节联合。壳缝很短，夹在两端平行的两条肋纹之间。壳面横线纹很细，由点纹组成，通常排列成为纵的微波状线纹，在普通光学显微镜下很难判断。色素体 1 个或 2 个，板状，平行位于壳环面的两侧。有复大孢子。

（十四）肋缝藻属 *Frustulia* （图 7-105 和图 7-106）

植物体为单细胞，浮游，有时胶质形成管状，管内每个细胞互相平行排列，着生。壳面披针形、长菱形、菱形披针形、线形披针形、舟形，中轴区中部具一短的中央节，两条硅质肋条从中央节向极节延伸，其顶端与极节相接，壳缝位于两肋条之间，壳缝两侧具纵线纹和横线纹，平行或略呈放射状排列。带面呈长方形，无间生带和隔膜。色素体片状，2 个。

（十五）布纹藻属 *Gyrosigma* （图 7-107～图 7-126）

植物体为单细胞，偶尔在胶质管内。壳面"S"形，从中部向两端逐渐尖细，末端渐尖或钝圆，中轴区狭窄，"S"形到波形，中部中央节处略膨大，具中央节和极节，壳缝"S"形弯曲，壳缝两侧具纵和横线纹十字形交叉构成的布纹。带面呈宽披针形，无间生带。色素体片状，2 个，常具几个蛋白核。

（十六）美壁藻属 *Caloneis* （图 7-127 和图 7-128）

植物体为单细胞。壳面线形、狭披针形、线形披针形、椭圆形或提琴形，中部两侧常膨大。壳缝直，具圆形的中央节和极节，壳缝两侧横线纹互相平行，中部略呈放射状，末端有时略斜向极节。壳面侧缘内具 1 到多条与横线纹垂直交叉的纵线纹。带面长方形，无间生带和隔片。色素体片状，2 个，每个具 2 个蛋白核。

（十七）长蓖藻属 *Neidium* （图 7-129～图 7-132）

植物体为单细胞。壳面线形、狭披针形或椭圆形，两端逐渐狭窄，末端钝圆、近头状或近缘状。壳缝直，近中央区的一端呈相反方向弯曲，在近极节的一端常分叉。中心区狭线形，中央区小，圆形、横卵形或斜方形。壳面有由点纹连成的横线纹，两侧近壳缘的横线纹有规律地间断形成 1 到数条纵长的空白条纹或纵线纹。带面长方形，具间生带，无隔片。色素体片状，2 个，每个具 1 个蛋白核。主要生长在淡水中，极少数生长在半咸水中。

（十八）双壁藻属 *Diploneis*（图 7-133～图 7-138）

　　植物体为单细胞。壳面线形到椭圆形或卵圆形，末端钝圆。壳缝直，壳缝两侧具中央节侧缘延长形成的角状凸起，其外侧具宽或狭的线形到披针形的纵沟，纵沟外侧具横肋纹或由点纹连成的横线纹。带面长方形，无间生带和隔片。色素体片状，2 个，每个具 1 个蛋白核。

（十九）辐节藻属 *Stauroneis*（图 7-139～图 7-143）

　　植物体为单细胞，少数连成带状的群体。壳面长椭圆形、狭披针形或舟形，末端头状、钝圆形或喙状。中轴区狭，壳缝直，极节很细，中央区增厚并扩展到壳面两侧，增厚的中央区无花纹。壳面两侧具横线纹或点纹略呈放射状的平行排列。具间生带，但无真的隔片，具或不具假隔片。色素体片状，2 个，每个具 2～4 个蛋白核。

（二十）异菱藻属 *Anomoeoneis*（图 7-144）

　　植物体为单细胞。壳面披针形、菱形、椭圆形或椭圆披针形，壳缘两侧凸出，两端逐渐狭窄，末端钝圆或近头状。中轴区直、狭线形，壳缝直，壳缝两侧具由点纹组成的横线纹，细，长短不一，其间被多条透明区隔断而呈现"Z"字形纵线。带面长方形，无间生带。色素体片状，1 个，具 1 个蛋白核。由 2 个母细胞的原生质体分别形成 2 个配子，互相成对结合形成 2 个复大孢子。生长在淡水及半咸水中。

（二十一）舟形藻属 *Navicula*（图 7-145～图 7-162）

　　植物体为单细胞，浮游。壳面线形、披针形、菱形或椭圆形，两侧对称，末端钝圆、近头状或喙状。中轴区狭窄、线形或披针形，壳缝线形，具中央节和极节，中央节圆形或椭圆形，壳缝两侧具由点纹组成的横线纹或布纹、肋纹、窝孔纹，一般壳面中间部分的线纹数比两端的线纹数略为稀疏。带面长方形，平滑，无间生带，无真的隔片。色素体片状或带状，多为 2 个，罕为 1 个、4 个、8 个。

（二十二）羽纹藻属 *Pinnularia*（图 7-163～图 7-180）

　　植物体为单细胞或连成带状群体，上下左右均对称。壳面线形、椭圆形、披针形、线形披针形或椭圆披针形，两侧平行，少数种类两侧中部膨大或呈对称的波状，两端头状、喙状、末端钝圆。中轴区狭线形、宽线形或宽披针形，有些种类超过壳面宽度的三分之一，中央区圆形、椭圆形、菱形、横矩形等，具中央节和极节。壳缝发达，直或弯曲，或构造复杂而形成复杂的壳缝，其两侧具粗或细的横肋纹，每条肋纹是 1 条管沟，每条管沟内具 1～2 个纵隔膜，将管沟隔成 2～3 个小室，一般壳面中间部分的横肋纹比两端的横肋纹略微稀疏。带面长方形，无间生带和隔片。色素体片状、大，2 个，各具 1 个蛋白核。

（二十三）双眉藻属 *Amphora*（图 7-181 和图 7-182）

植物体多数为单细胞，浮游或着生。壳面两侧不对称，有明显的背腹之分，新月形或镰刀形，末端钝圆形或两端延长成头状。中轴区明显偏于腹侧，具中央节和极节。壳缝略弯曲，其两侧具横线纹。带面椭圆形，末端截形，间生带由点连成长线形，无隔膜。色素体侧生、片状，1 个、2 个或 4 个。

（二十四）桥弯藻属 *Cymbella*（图 7-183～图 7-222）

植物体为单细胞，或为分枝或不分枝的群体。一般情况下，着生种类细胞位于短胶柄的顶端或在分枝或不分枝的胶质管中。壳面两侧不对称，有明显的背腹之分，背侧凸出，腹侧平直或中部略凸出或略凹入，新月形、线形、半椭圆形、半披针形、舟形或菱形披针形，末端钝圆或渐尖。中轴区两侧略不对称，具中央节和极节。壳缝略弯曲，少数近直，其两侧具横线纹，一般壳面中间部分的横线纹比近两端的横线纹略为稀疏。带面长方形，无间生带和隔膜。色素体 1 个，片状，侧生。

（二十五）内丝藻属 *Encyonema*（图 7-223～图 7-228）

壳面明显（甚至非常强烈）地具背腹之分，常呈半椭圆形或半披针形。壳缝为"内丝藻属壳缝"类型：近缝端折向背侧，远缝端折向腹侧，中段的外壳缝或多或少地弯向腹侧。线纹单列，由点纹组成：孤点多数缺如，少数有，如有孤点必位于中央区的背侧。顶孔区缺乏。它们常以胶质黏附在水生植物或岩石等基质上，也有些种类的不少个体群居在一胶质管内，然后胶质管营附着生活。

（二十六）异极藻属 *Gomphonema*（图 7-229～图 7-270）

植物体为单细胞，或为不分枝或分枝的树状群体，细胞位于胶柄系统的顶端，以胶柄着生于基质上，有时细胞从胶柄上脱落成为偶然性的单细胞浮游种类。壳面上下两端不对称，上端宽于下端，两侧对称，呈棒形、披针形或楔形。中轴区狭窄、直，中央区略扩大，有些种类在中央区一侧具 1 个、2 个或多个单独的点纹，具中央节和极节。壳缝两侧具由点纹组成的横线纹。带面多呈楔形，末端截形，无间生带，少数种类在上端具横隔膜。色素体侧生、片状，1 个。

（二十七）卵形藻属 *Cocconeis*（图 7-271～图 7-276）

植物体为单细胞，以下壳着生在丝状藻类或其他基质上。壳面椭圆形或宽椭圆形，上下两个壳面的外形相同，花纹各异或相似，上下两个壳面有一个壳面具假壳缝，另一个壳面具直的壳缝，具中央节和极节，壳缝和假壳缝两侧具横线纹或点纹。带面横向弧形弯曲，具不完全的横隔膜。色素体片状，1 个，蛋白核 1～2 个。

（二十八）曲壳藻属 *Achnanthes*（图 7-277～图 7-282）

植物体为单细胞或以壳面相互连接形成带状或树状群体，以胶柄着生于基质上。壳面线形披针形、线形椭圆形、椭圆形或菱形披针形，上壳面凸出或略凸出，具假壳缝，下壳面凹入或略凹入，具典型的壳缝，中央节明显，极节不明显，壳缝和假壳缝两侧的横线纹或点纹相似，或一壳面横线纹平行，另一壳面呈放射状。带面纵长弯曲，呈膝曲状或弧形。色素体片状，1～2 个，或小盘状，多数。

（二十九）窗纹藻属 *Epithemia*（图 7-283～图 7-288）

植物体为单细胞，浮游或附着在基质上。壳面有背腹之分，弓形或新月形，背侧凸出，腹侧凹入或近于平直，末端钝圆或近头状，腹侧中部具 1 条 "V" 形的管壳缝，管壳缝内壁具多个圆形小孔通入细胞内，壳面内壁具横向平行的隔膜，构成壳面的横肋纹，两条横肋纹之间具 2 列或 2 列以上与肋纹平行的横点纹或窝孔状的窝孔纹，有些种类在壳面和带面结合处具 1 纵长的隔膜。带面长方形。色素体侧生、片状，1 个。

（三十）棒杆藻属 *Rhopalodia*（图 7-289～图 7-294）

植物体为单细胞。壳面弓形、新月形或肾形，背缘凸起、弧形，两端渐尖。背缘具 1 条龙骨，龙骨上具 1 条不明显的管壳缝，具不明显的中央节和极节，壳面具较粗的横肋纹，两横肋纹间具几条由点纹组成的细横线纹。带面长方形、狭椭圆形或棒状，两侧中部略横向放宽或平直，中部略缢缩，两端广圆形。色素体侧生、片状，1 个。

（三十一）菱板藻属 *Hantzschia*（图 7-295 和图 7-296）

植物体为单细胞。细胞纵长，直或"S"形。壳面弓形、线形或椭圆形，一侧或两侧边缘缢缩或不缢缩，两端尖形、渐尖或近喙状。壳面的一侧边缘具龙骨突起，龙骨突起上具管壳缝，管壳缝内壁具许多通入细胞内的小孔，称为"龙骨点"，龙骨点明显，上下两壳的龙骨突起彼此平行相对，具小的中央节和极节，壳面具横线纹或由点纹组成的横线纹。带面矩形，两端截形。色素体带状，2 个。

（三十二）菱形藻属 *Nitzschia*（图 7-297～图 7-330）

植物体多为单细胞，或形成带状或星状的群体，或生活在分枝或不分枝的胶质管中，浮游或附着。细胞纵长，直或"S"形，壳面线形或披针形，罕为椭圆形，两侧边缘缢缩或不缢缩，两端渐尖或钝，末端楔形、喙状、头状或尖圆形。壳面的一侧具龙骨突起，龙骨突起上具管壳缝，管壳缝内壁具许多通入细胞内的小孔，上下两个壳的龙骨突起彼此交叉相对，具小的中央节和极节，壳面具横线纹。细胞壳面和带面不成直角，横断面呈菱形。色素体侧生、带状，2 个，少数 4～6 个。

（三十三）波缘藻属 *Cymatopleura*（图 7-331～图 7-342）

植物体为单细胞，浮游。壳面椭圆形、纺锤形、披针形或线形，呈横向上下波状起伏，上下两个壳面的整个壳缘由龙骨及翼状构造围绕，龙骨突起上具管壳缝，管壳缝通过翼沟与壳体内部相联系，翼沟间以膜相联系，构成中间间隙，壳面具粗的横肋纹，有时肋纹无间生带，无隔膜，带面矩形或楔形，两侧具明显的波状皱褶。色素体片状，1 个。

（三十四）双菱藻属 *Surirella*（图 7-343～图 7-354）

植物体为单细胞，浮游。壳面线形、椭圆形、卵圆形或披针形，平直或螺旋状扭曲，中部缢缩或不缢缩，两端同形或异形，上下两个壳面的龙骨及翼状构造围绕整个壳缘，龙骨上具管壳缝，在翼沟内的管壳缝通过翼沟与细胞内部相联系，管壳缝内壁具龙骨点，翼沟通称肋纹，横肋纹或长或短，肋纹间具明显或不明显的横肋纹，横贯壳面，壳面中部具明显或不明显的线形或披针形的空隙。带面矩形或楔形。色素体侧生、片状，1 个。

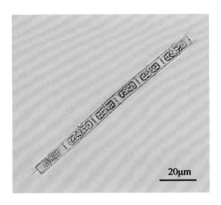

图 7-1　颗粒直链藻

Melosira granulata

图 7-2　颗粒直链藻

Melosira granulata

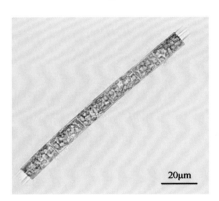

图 7-3　颗粒直链藻

Melosira granulata

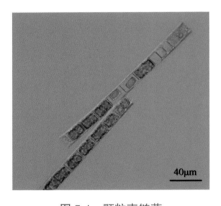

图 7-4　颗粒直链藻

Melosira granulata

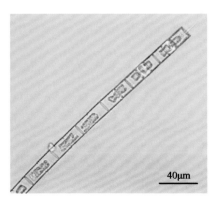

图 7-5　颗粒直链藻

Melosira granulata

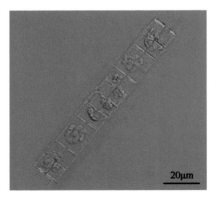

图 7-6　颗粒直链藻

Melosira granulata

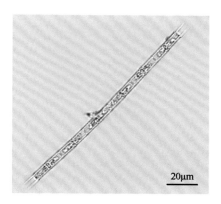

图 7-7　颗粒直链藻极狭变种

Melosira granulata var. *angustissima*

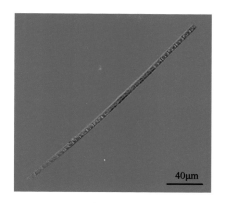

图 7-8　颗粒直链藻极狭变种

Melosira granulata var. *angustissima*

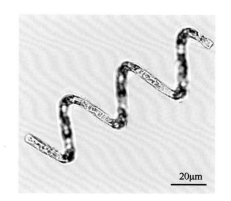

图 7-9　颗粒直链藻极狭变种螺旋变型

Melosira granulata var. *angustissima* f. *spiralis*

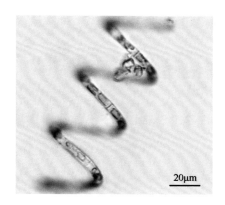

图 7-10　颗粒直链藻极狭变种螺旋变型

Melosira granulata var. *angustissima* f. *spiralis*

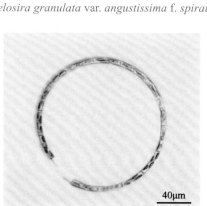

图 7-11　颗粒直链藻极狭变种螺旋变型

Melosira granulata var. *angustissima* f. *spiralis*

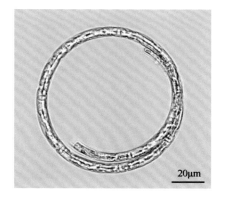

图 7-12　颗粒直链藻极狭变种螺旋变型

Melosira granulata var. *angustissima* f. *spiralis*

图 7-13 变异直链藻
Melosira varians

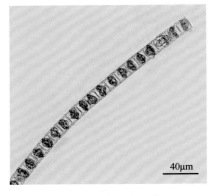

图 7-14 变异直链藻
Melosira varians

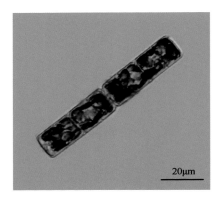

图 7-15 变异直链藻
Melosira varians

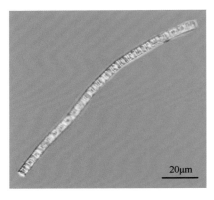

图 7-16 直链藻属
Melosira sp.

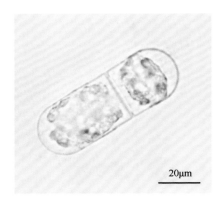

图 7-17 直链藻属
Melosira sp.

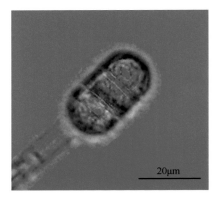

图 7-18 直链藻属
Melosira sp.

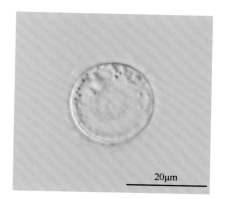

图 7-19 星肋小环藻
Cyclotella asterocostata

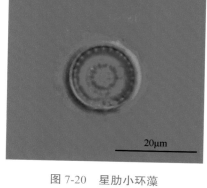

图 7-20 星肋小环藻
Cyclotella asterocostata

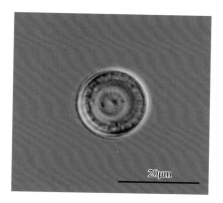

图 7-21 星肋小环藻
Cyclotella asterocostata

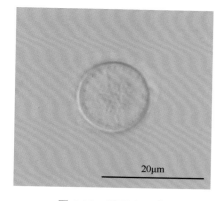

图 7-22 链形小环藻
Cyclotella catenata

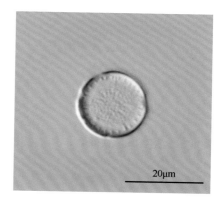

图 7-23 链形小环藻
Cyclotella catenata

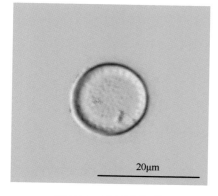

图 7-24 链形小环藻
Cyclotella catenata

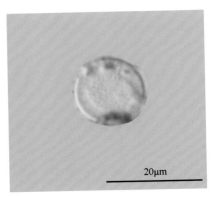

图 7-25 库津小环藻粗点变种

Cyclotella kuetzingiana var. *planetophora*

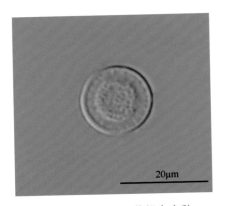

图 7-26 库津小环藻粗点变种

Cyclotella kuetzingiana var. *planetophora*

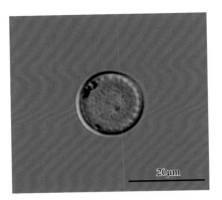

图 7-27 库津小环藻粗点变种

Cyclotella kuetzingiana var. *planetophora*

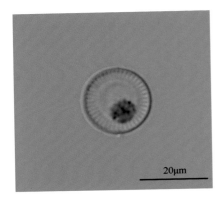

图 7-28 梅尼小环藻

Cyclotella meneghiniana

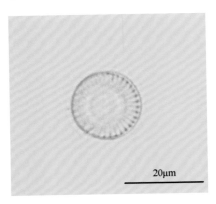

图 7-29 梅尼小环藻

Cyclotella meneghiniana

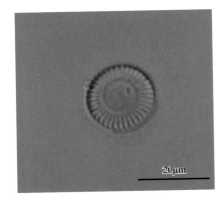

图 7-30 梅尼小环藻

Cyclotella meneghiniana

图 7-31 眼斑小环藻
Cyclotella ocellata

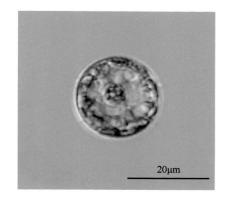

图 7-32 眼斑小环藻
Cyclotella ocellata

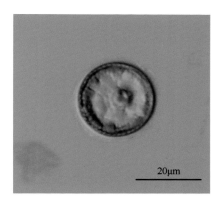

图 7-33 眼斑小环藻
Cyclotella ocellata

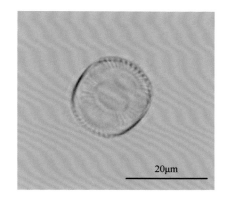

图 7-34 小环藻属
Cyclotella sp.

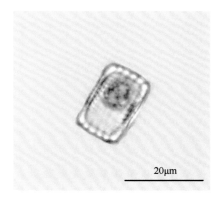

图 7-35 小环藻属
Cyclotella sp.

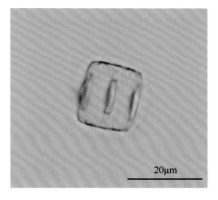

图 7-36 小环藻属
Cyclotella sp.

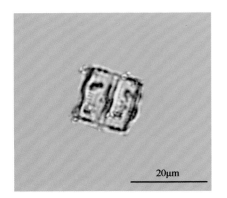

图 7-37 小环藻属
Cyclotella sp.

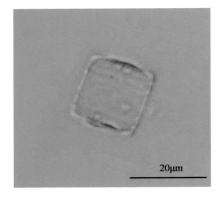

图 7-38 小环藻属
Cyclotella sp.

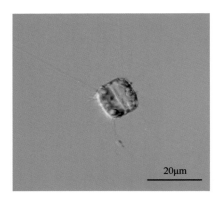

图 7-39 小环藻属
Cyclotella sp.

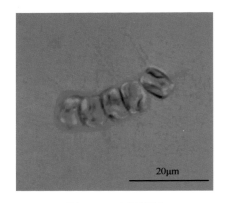

图 7-40 小环藻属
Cyclotella sp.

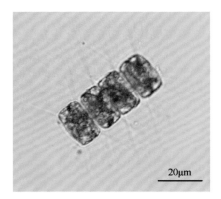

图 7-41 小环藻属
Cyclotella sp.

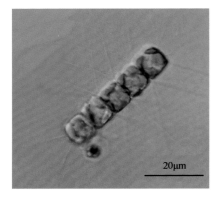

图 7-42 小环藻属
Cyclotella sp.

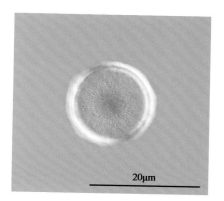

图 7-43 圆筛藻属
Coscinodiscus sp.

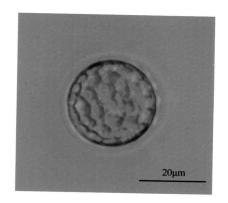

图 7-44 圆筛藻属
Coscinodiscus sp.

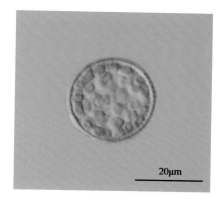

图 7-45 圆筛藻属
Coscinodiscus sp.

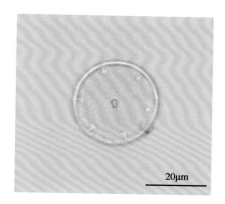

图 7-46 海链藻属
Thalassiosira sp.

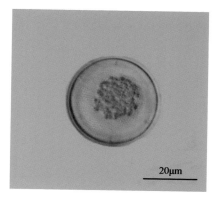

图 7-47 海链藻属
Thalassiosira sp.

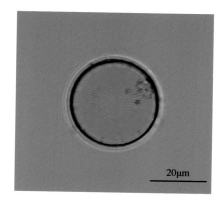

图 7-48 海链藻属
Thalassiosira sp.

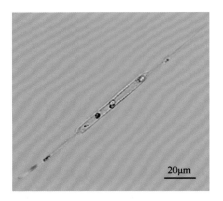

图 7-49　根管藻属

Rhizosolenia sp.

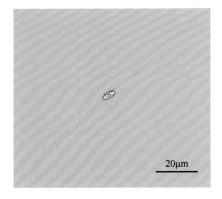

图 7-50　根管藻属

Rhizosolenia sp.

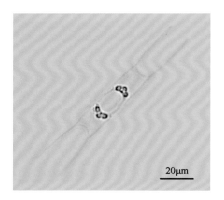

图 7-51　扎卡四棘藻

Attheya zachariasi

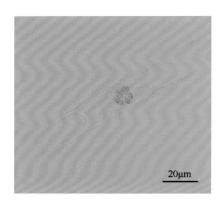

图 7-52　扎卡四棘藻

Attheya zachariasi

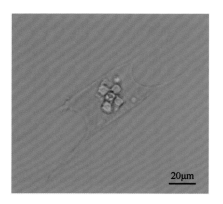

图 7-53　扎卡四棘藻

Attheya zachariasi

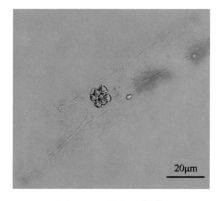

图 7-54　扎卡四棘藻

Attheya zachariasi

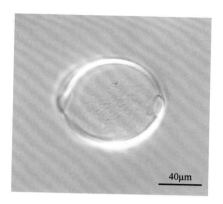

图 7-55 侧链藻属

Pleurosira sp.

图 7-56 扇形藻属

Meridion sp.

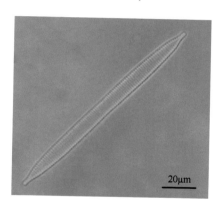

图 7-57 钝脆杆藻

Fragilaria capucina

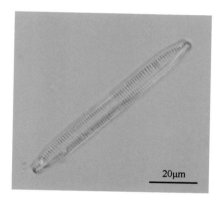

图 7-58 钝脆杆藻

Fragilaria capucina

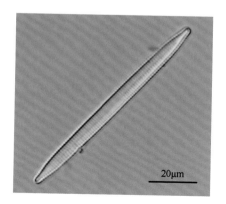

图 7-59 钝脆杆藻

Fragilaria capucina

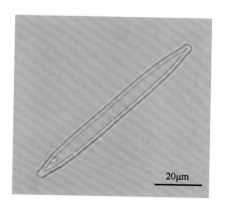

图 7-60 钝脆杆藻

Fragilaria capucina

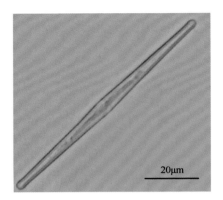

图 7-61　克罗顿脆杆藻

Fragilaria crotonensis

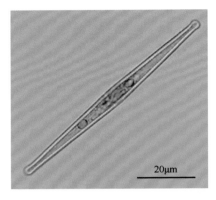

图 7-62　克罗顿脆杆藻

Fragilaria crotonensis

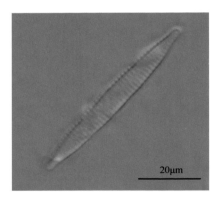

图 7-63　脆杆藻属

Fragilaria sp.

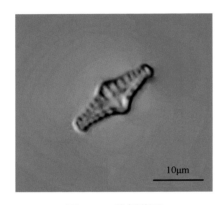

图 7-64　脆杆藻属

Fragilaria sp.

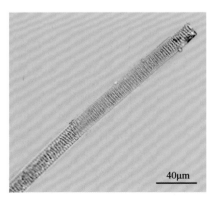

图 7-65　脆杆藻属

Fragilaria sp.

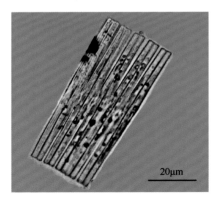

图 7-66　脆杆藻属

Fragilaria sp.

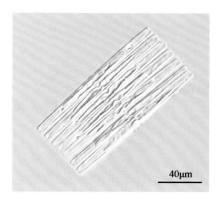

图 7-67　脆杆藻属

Fragilaria sp.

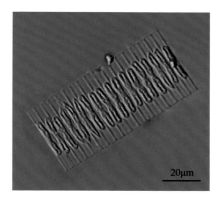

图 7-68　脆杆藻属

Fragilaria sp.

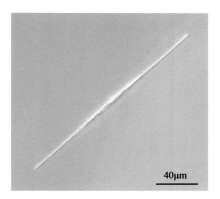

图 7-69　尖针杆藻

Synedra acus

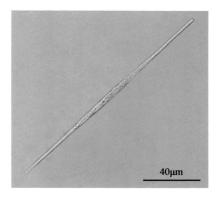

图 7-70　尖针杆藻

Synedra acus

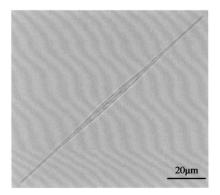

图 7-71　尖针杆藻

Synedra acus

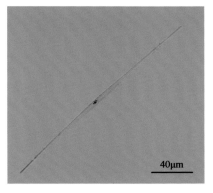

图 7-72　尖针杆藻

Synedra acus

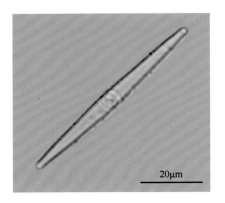

图 7-73　美小针杆藻
Synedra pulchella

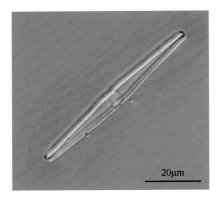

图 7-74　美小针杆藻
Synedra pulchella

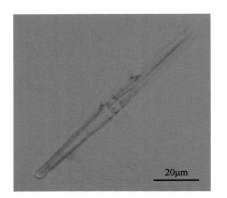

图 7-75　美小针杆藻
Synedra pulchella

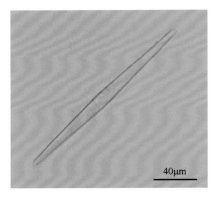

图 7-76　美小针杆藻
Synedra pulchella

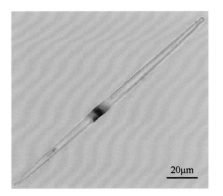

图 7-77　肘状针杆藻
Synedra ulna

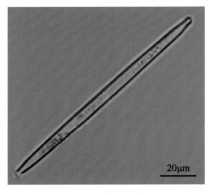

图 7-78　肘状针杆藻
Synedra ulna

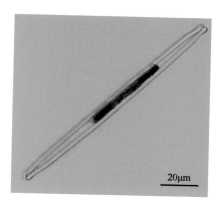

图 7-79　肘状针杆藻
Synedra ulna

图 7-80　肘状针杆藻
Synedra ulna

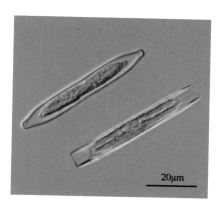

图 7-81　肘状针杆藻缢缩变种
Synedra ulna var. *constracta*

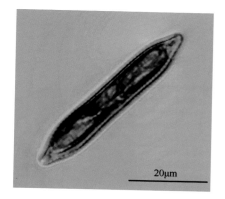

图 7-82　肘状针杆藻缢缩变种
Synedra ulna var. *constracta*

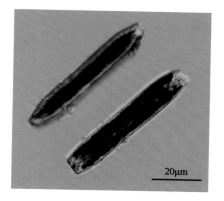

图 7-83　肘状针杆藻缢缩变种
Synedra ulna var. *constracta*

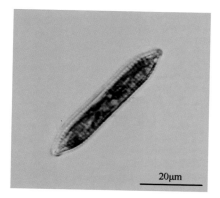

图 7-84　肘状针杆藻缢缩变种
Synedra ulna var. *constracta*

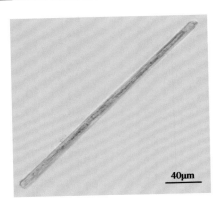

图 7-85 肘状针杆藻二头变种

Synedra ulna var. *biceps*

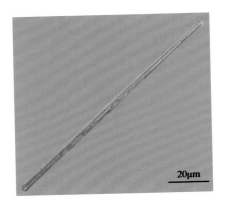

图 7-86 肘状针杆藻二头变种

Synedra ulna var. *biceps*

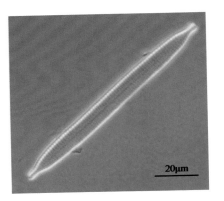

图 7-87 针杆藻属

Synedra sp.

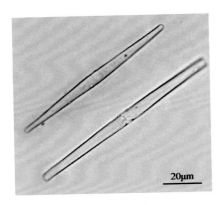

图 7-88 针杆藻属

Synedra sp.

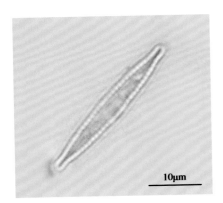

图 7-89 针杆藻属

Synedra sp.

图 7-90 针杆藻属

Synedra sp.

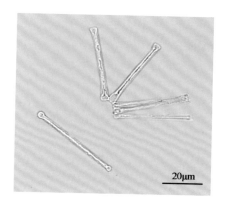

图 7-91　华丽星杆藻
Asterionella formosa

图 7-92　华丽星杆藻
Asterionella formosa

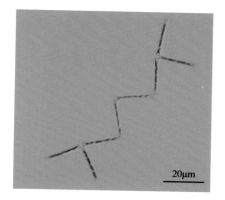

图 7-93　华丽星杆藻
Asterionella formosa

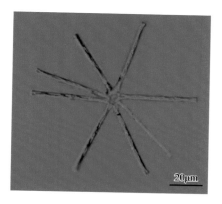

图 7-94　华丽星杆藻
Asterionella formosa

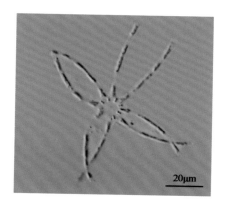

图 7-95　星杆藻属
Asterionella sp.

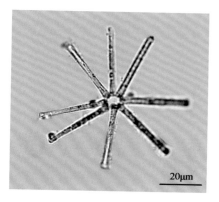

图 7-96　星杆藻属
Asterionella sp.

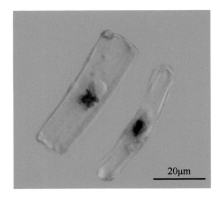

图 7-97　弧形短缝藻
Eunotia arcus

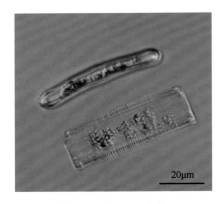

图 7-98　弧形短缝藻
Eunotia arcus

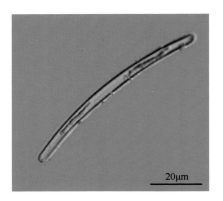

图 7-99　月形短缝藻
Eunotia lunaris

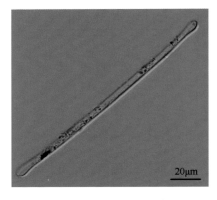

图 7-100　强壮短缝藻
Eunotia valida

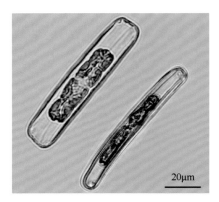

图 7-101　篦形短缝藻
Eunotia pectinalis

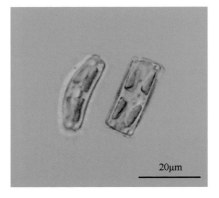

图 7-102　篦形短缝藻较小变种
Eunotia pectinalis var. *minor*

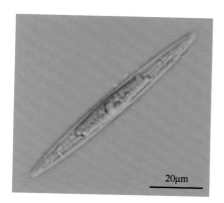

图 7-103　透明双肋藻
Amphipleura pellucida

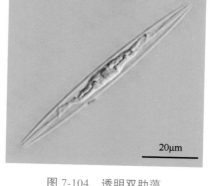

图 7-104　透明双肋藻
Amphipleura pellucida

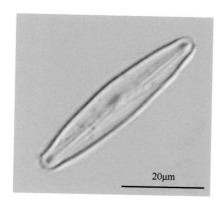

图 7-105　普通肋缝藻
Frustulia vulgaris

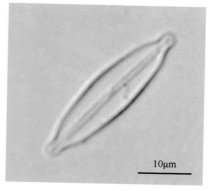

图 7-106　类菱形肋缝藻萨克森变种头端变型
Frustulia rhomboides var. *saxonica* f. *capitata*

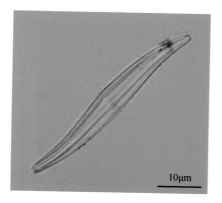

图 7-107　尖布纹藻
Gyrosigma acuminatum

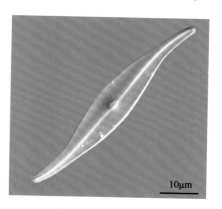

图 7-108　尖布纹藻
Gyrosigma acuminatum

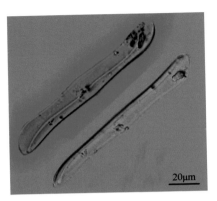

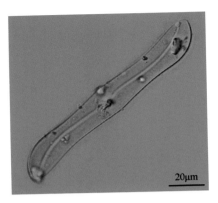

图 7-109　波罗的海布纹藻中华变种
Gyrosigma balticum var. *sinensis*

图 7-110　波罗的海布纹藻中华变种
Gyrosigma balticum var. *sinensis*

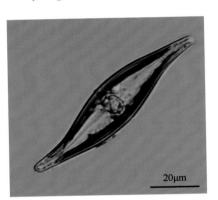

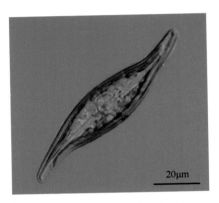

图 7-111　扭转布纹藻帕克变种
Gyrosigma distortum var. *parkeri*

图 7-112　扭转布纹藻帕克变种
Gyrosigma distortum var. *parkeri*

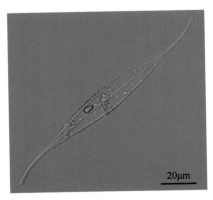

图 7-113　长尾布纹藻
Gyrosigma macrum

图 7-114　长尾布纹藻
Gyrosigma macrum

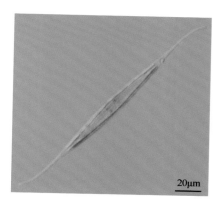

图 7-115　长尾布纹藻

Gyrosigma macrum

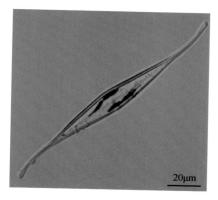

图 7-116　长尾布纹藻

Gyrosigma macrum

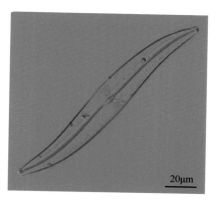

图 7-117　斯潘塞布纹藻

Gyrosigma spencerii

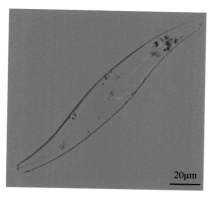

图 7-118　斯潘塞布纹藻

Gyrosigma spencerii

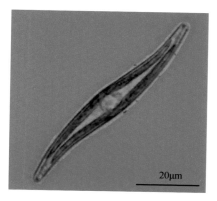

图 7-119　布纹藻属

Gyrosigma sp.

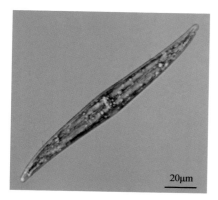

图 7-120　布纹藻属

Gyrosigma sp.

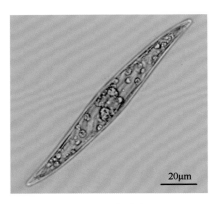

图 7-121　布纹藻属

Gyrosigma sp.

图 7-122　布纹藻属

Gyrosigma sp.

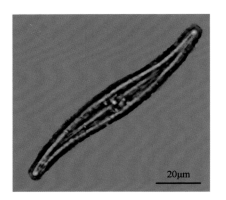

图 7-123　布纹藻属

Gyrosigma sp.

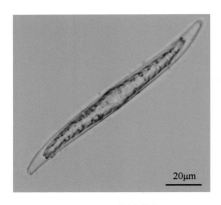

图 7-124　布纹藻属

Gyrosigma sp.

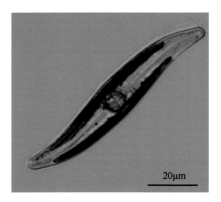

图 7-125　布纹藻属

Gyrosigma sp.

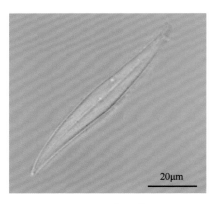

图 7-126　布纹藻属

Gyrosigma sp.

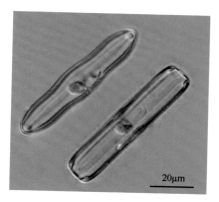

图 7-127　美壁藻属

Caloneis sp.

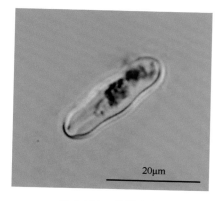

图 7-128　美壁藻属

Caloneis sp.

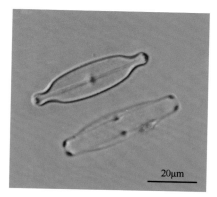

图 7-129　伸长长蓖藻较小变种

Neidium productum var. *minor*

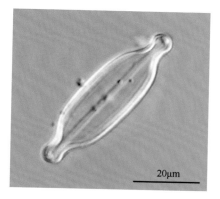

图 7-130　伸长长蓖藻较小变种

Neidium productum var. *minor*

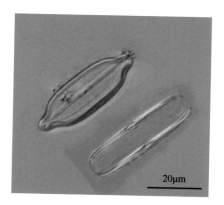

图 7-131　伸长长蓖藻较小变种

Neidium productum var. *minor*

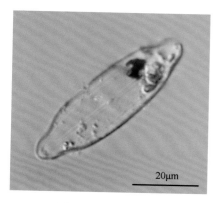

图 7-132　长蓖藻属

Neidium sp.

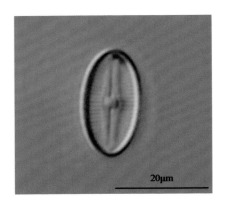

图 7-133　美丽双壁藻
Diploneis puella

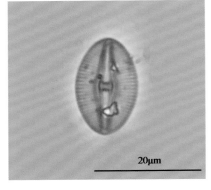

图 7-134　卵圆双壁藻
Diploneis ovalis

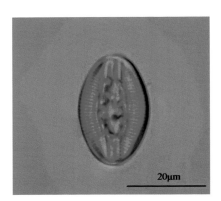

图 7-135　双壁藻属
Diploneis sp.

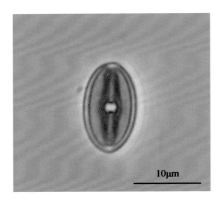

图 7-136　双壁藻属
Diploneis sp.

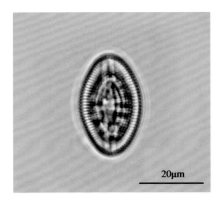

图 7-137　双壁藻属
Diploneis sp.

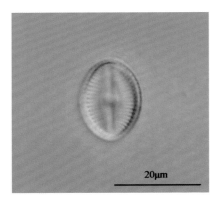

图 7-138　双壁藻属
Diploneis sp.

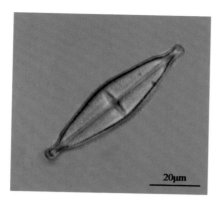

图 7-139 紫心辐节藻宽角变型

Stauroneis phoenicenteron f. *angulata*

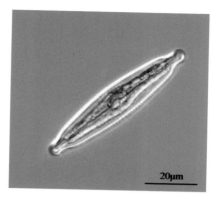

图 7-140 紫心辐节藻宽角变型

Stauroneis phoenicenteron f. *angulata*

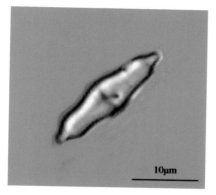

图 7-141 史密斯辐节藻

Stauroneis smithii

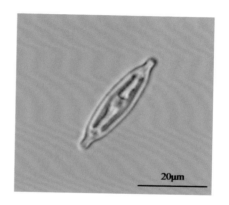

图 7-142 辐节藻属

Stauroneis sp.

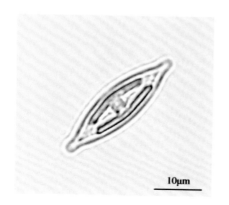

图 7-143 辐节藻属

Stauroneis sp.

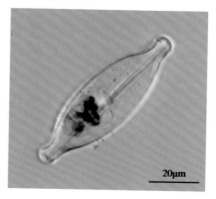

图 7-144 具球异菱藻

Anomoeoneis sphaerophora

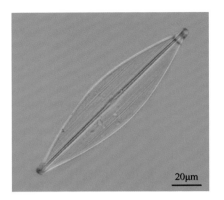

图 7-145　尖头舟形藻

Navicula cuspidata

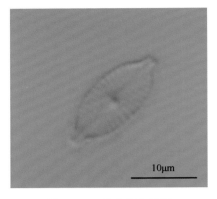

图 7-146　英吉利舟形藻

Navicula anglica

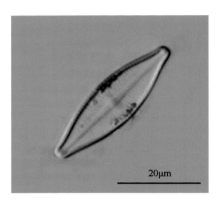

图 7-147　短小舟形藻

Navicula exigua

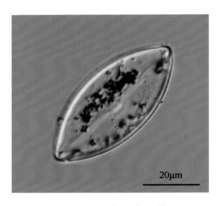

图 7-148　扁圆舟形藻

Navicula placentula

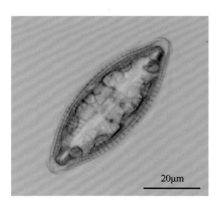

图 7-149　扁圆舟形藻

Navicula placentula

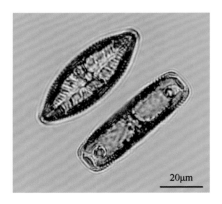

图 7-150　扁圆舟形藻

Navicula placentula

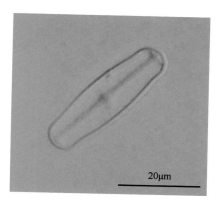

图 7-151　瞳孔舟形藻头端变种
Navicula pupula var. *capitata*

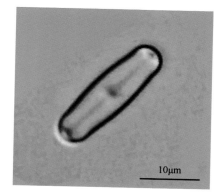

图 7-152　瞳孔舟形藻头端变种
Navicula pupula var. *capitata*

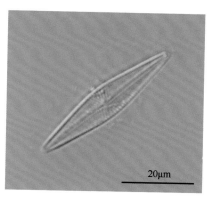

图 7-153　放射舟形藻
Navicula radiosa

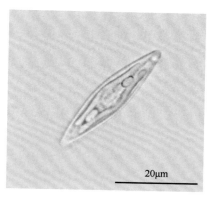

图 7-154　放射舟形藻
Navicula radiosa

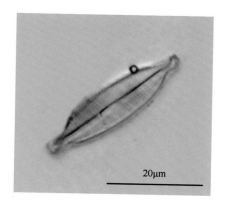

图 7-155　近喙头舟形藻
Navicula subrhynchocephala

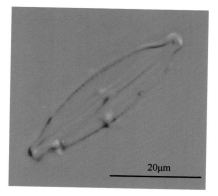

图 7-156　近喙头舟形藻
Navicula subrhynchocephala

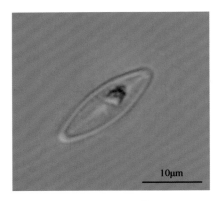

图 7-157　舟形藻属

Navicula sp.

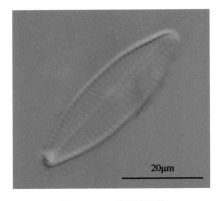

图 7-158　舟形藻属

Navicula sp.

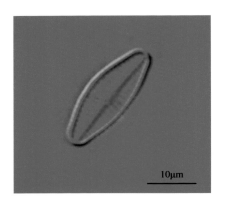

图 7-159　舟形藻属

Navicula sp.

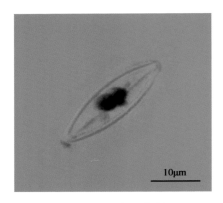

图 7-160　舟形藻属

Navicula sp.

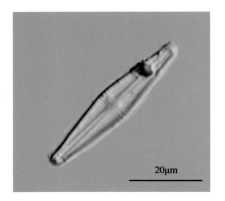

图 7-161　舟形藻属

Navicula sp.

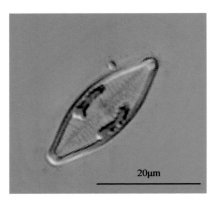

图 7-162　舟形藻属

Navicula sp.

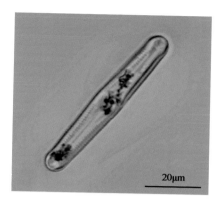

图 7-163 弯羽纹藻

Pinnularia gibba

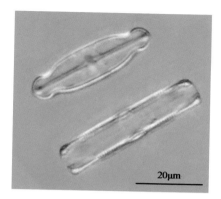

图 7-164 间断羽纹藻

Pinnularia interrupta

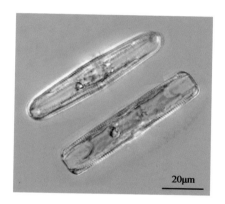

图 7-165 大羽纹藻

Pinnularia major

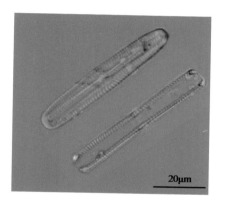

图 7-166 大羽纹藻

Pinnularia major

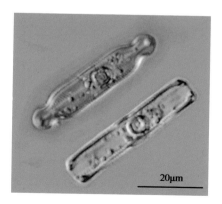

图 7-167 中狭羽纹藻

Pinnularia mesolepta

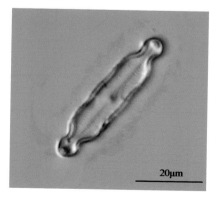

图 7-168 中狭羽纹藻

Pinnularia mesolepta

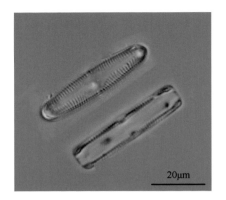

图 7-169　细条羽纹藻
Pinnularia microstauron

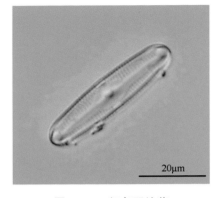

图 7-170　细条羽纹藻
Pinnularia microstauron

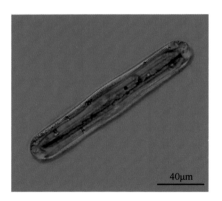

图 7-171　著名羽纹藻
Pinnularia nobilis

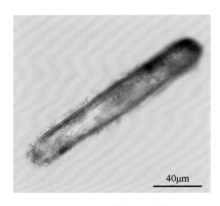

图 7-172　著名羽纹藻
Pinnularia nobilis

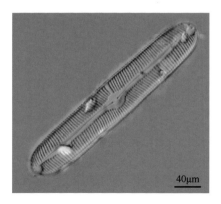

图 7-173　微绿羽纹藻变化变种
Pinnularia viridis var. *commutata*

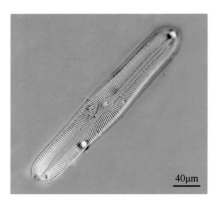

图 7-174　微绿羽纹藻变化变种
Pinnularia viridis var. *commutata*

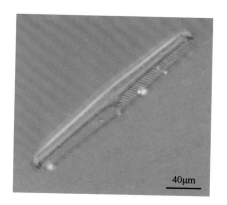

图 7-175 羽纹藻属
Pinnularia sp.

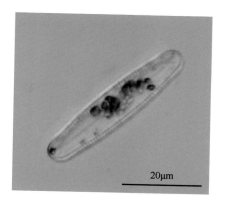

图 7-176 羽纹藻属
Pinnularia sp.

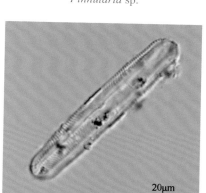

图 7-177 羽纹藻属
Pinnularia sp.

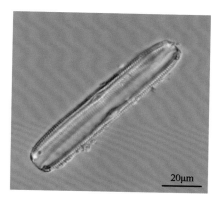

图 7-178 羽纹藻属
Pinnularia sp.

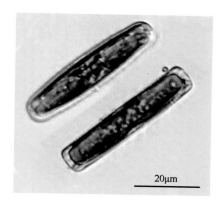

图 7-179 羽纹藻属
Pinnularia sp.

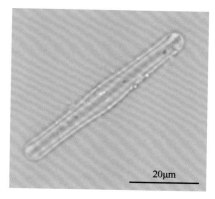

图 7-180 羽纹藻属
Pinnularia sp.

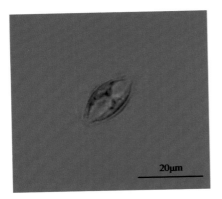

图 7-181 双眉藻属
Amphora sp.

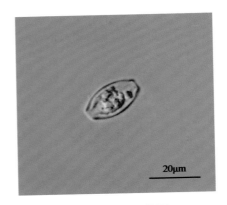

图 7-182 双眉藻属
Amphora sp.

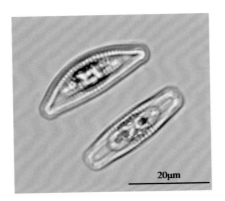

图 7-183 近缘桥弯藻
Cymbella affinis

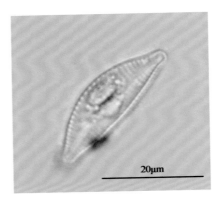

图 7-184 近缘桥弯藻
Cymbella affinis

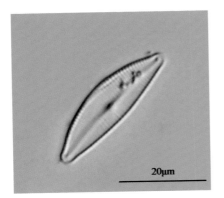

图 7-185 近缘桥弯藻
Cymbella affinis

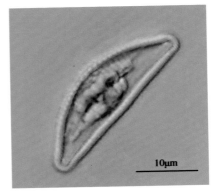

图 7-186 近缘桥弯藻
Cymbella affinis

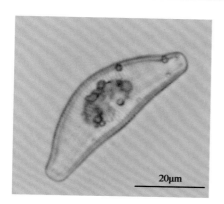

图 7-187 澳洲桥弯藻
Cymbella australica

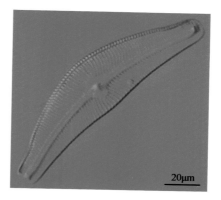

图 7-188 澳洲桥弯藻
Cymbella australica

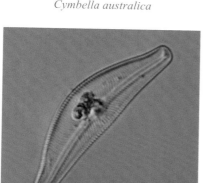

图 7-189 澳洲桥弯藻
Cymbella australica

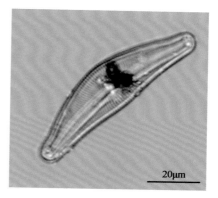

图 7-190 澳洲桥弯藻
Cymbella australica

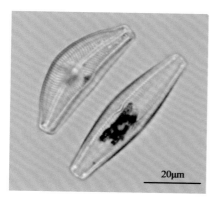

图 7-191 澳洲桥弯藻
Cymbella australica

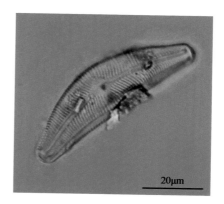

图 7-192 澳洲桥弯藻
Cymbella australica

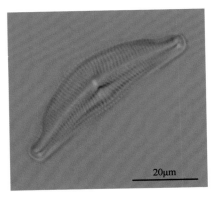

图 7-193　澳洲桥弯藻
Cymbella australica

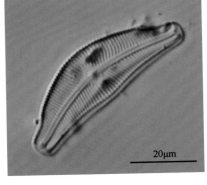

图 7-194　澳洲桥弯藻
Cymbella australica

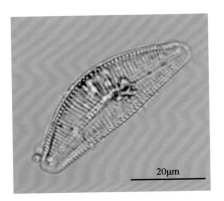

图 7-195　欣顿桥弯藻
Cymbella cantonatii

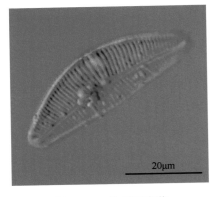

图 7-196　欣顿桥弯藻
Cymbella cantonatii

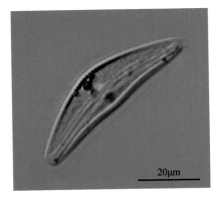

图 7-197　新月形桥弯藻
Cymbella cymbiformis

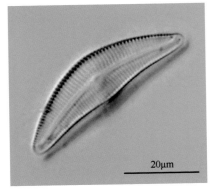

图 7-198　新月形桥弯藻
Cymbella cymbiformis

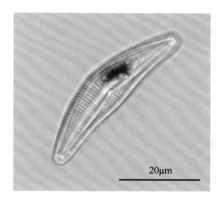

图 7-199　新月形桥弯藻

Cymbella cymbiformis

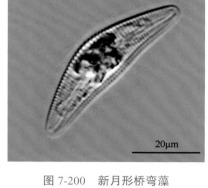

图 7-200　新月形桥弯藻

Cymbella cymbiformis

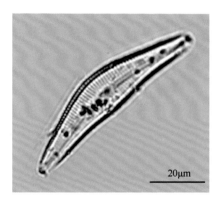

图 7-201　披针形桥弯藻

Cymbella lanceolata

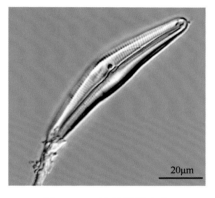

图 7-202　披针形桥弯藻

Cymbella lanceolata

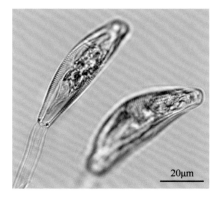

图 7-203　桥弯藻属

Cymbella sp.

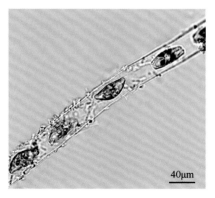

图 7-204　桥弯藻属

Cymbella sp.

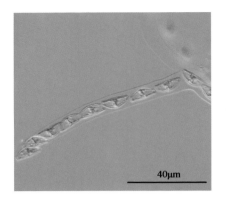

图 7-205　桥弯藻属
Cymbella sp.

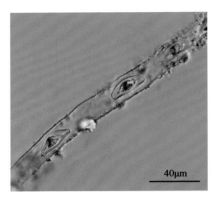

图 7-206　桥弯藻属
Cymbella sp.

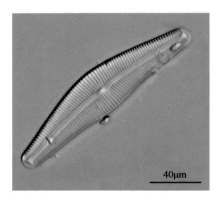

图 7-207　桥弯藻属
Cymbella sp.

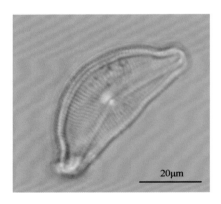

图 7-208　桥弯藻属
Cymbella sp.

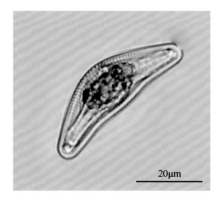

图 7-209　桥弯藻属
Cymbella sp.

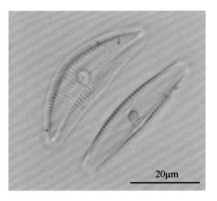

图 7-210　桥弯藻属
Cymbella sp.

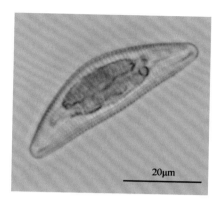

图 7-211　桥弯藻属
Cymbella sp.

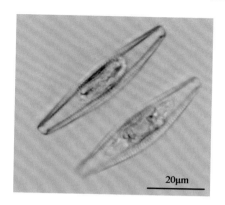

图 7-212　桥弯藻属
Cymbella sp.

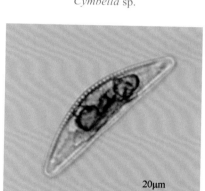

图 7-213　桥弯藻属
Cymbella sp.

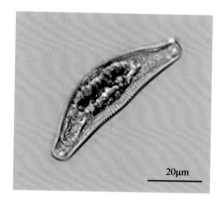

图 7-214　桥弯藻属
Cymbella sp.

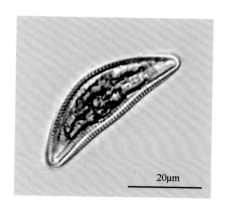

图 7-215　桥弯藻属
Cymbella sp.

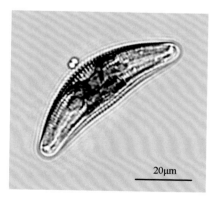

图 7-216　桥弯藻属
Cymbella sp.

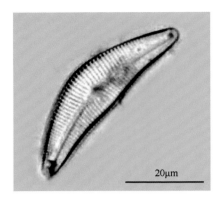

图 7-217　桥弯藻属

Cymbella sp.

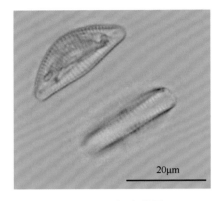

图 7-218　桥弯藻属

Cymbella sp.

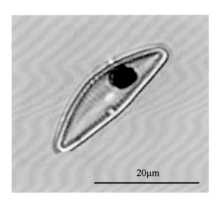

图 7-219　桥弯藻属

Cymbella sp.

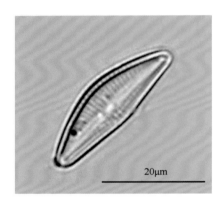

图 7-220　桥弯藻属

Cymbella sp.

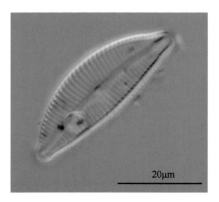

图 7-221　桥弯藻属

Cymbella sp.

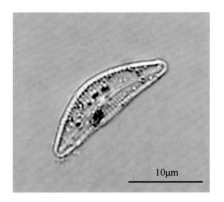

图 7-222　桥弯藻属

Cymbella sp.

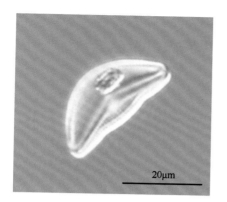

图 7-223 内丝藻属
Encyonema sp.

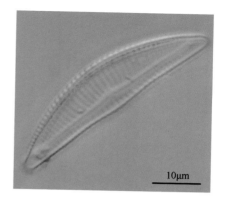

图 7-224 内丝藻属
Encyonema sp.

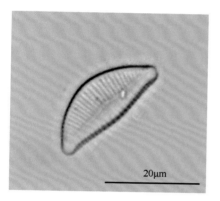

图 7-225 内丝藻属
Encyonema sp.

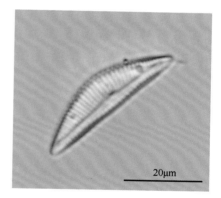

图 7-226 内丝藻属
Encyonema sp.

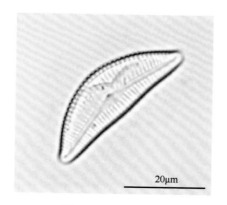

图 7-227 内丝藻属
Encyonema sp.

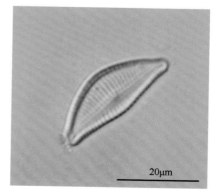

图 7-228 内丝藻属
Encyonema sp.

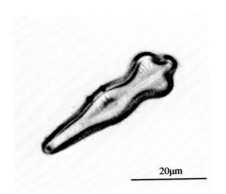

图 7-229 尖异极藻花冠变种

Gomphonema acuminatum var. *coronata*

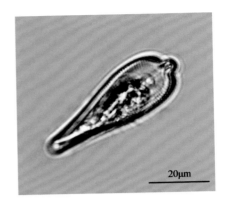

图 7-230 尖顶异极藻

Gomphonema augur

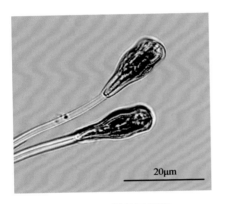

图 7-231 缢缩异极藻

Gomphonema constrictum

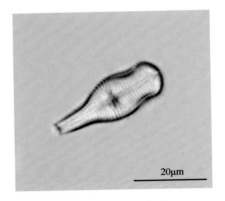

图 7-232 缢缩异极藻

Gomphonema constrictum

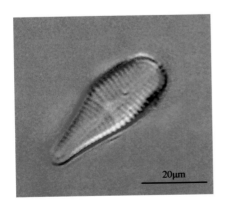

图 7-233 缢缩异极藻头状变种

Gomphonema constrictum var. *capitatum*

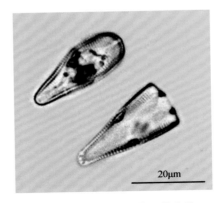

图 7-234 缢缩异极藻头状变种

Gomphonema constrictum var. *capitatum*

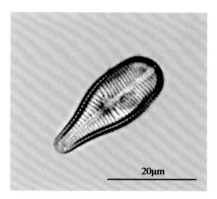

图 7-235　缢缩异极藻头状变种
Gomphonema constrictum var. *capitatum*

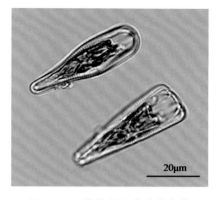

图 7-236　缢缩异极藻头状变种
Gomphonema constrictum var. *capitatum*

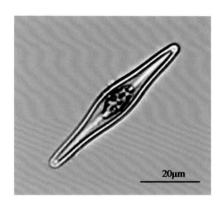

图 7-237　纤细异极藻
Gomphonema gracile

图 7-238　纤细异极藻
Gomphonema gracile

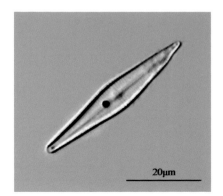

图 7-239　纤细异极藻
Gomphonema gracile

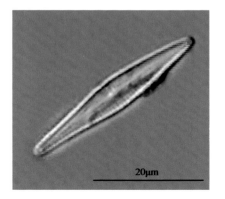

图 7-240　纤细异极藻
Gomphonema gracile

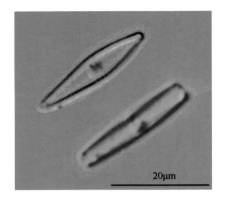

图 7-241　小形异极藻

Gomphonema parvulum

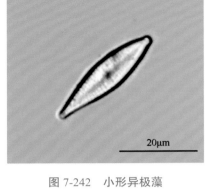

图 7-242　小形异极藻

Gomphonema parvulum

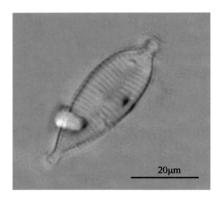

图 7-243　具球异极藻

Gomphonema sphaerophorum

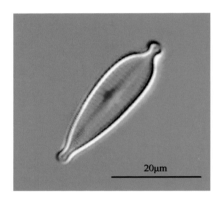

图 7-244　具球异极藻

Gomphonema sphaerophorum

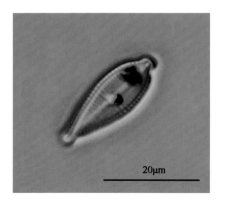

图 7-245　具球异极藻

Gomphonema sphaerophorum

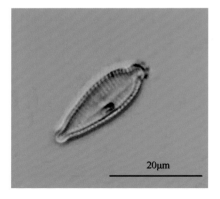

图 7-246　具球异极藻

Gomphonema sphaerophorum

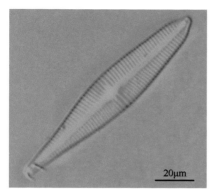

图 7-247 塔形异极藻
Gomphonema turris

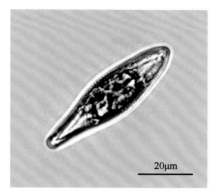

图 7-248 塔形异极藻
Gomphonema turris

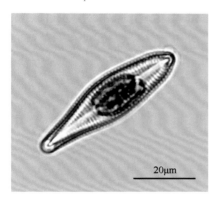

图 7-249 塔形异极藻
Gomphonema turris

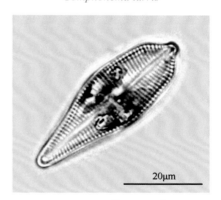

图 7-250 塔形异极藻
Gomphonema turris

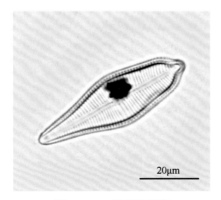

图 7-251 塔形异极藻
Gomphonema turris

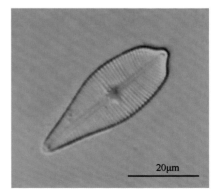

图 7-252 塔形异极藻
Gomphonema turris

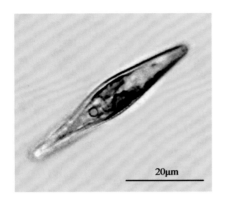

图 7-253　异极藻属
Gomphonema sp.

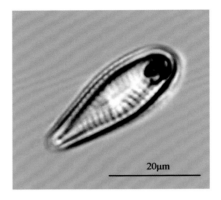

图 7-254　异极藻属
Gomphonema sp.

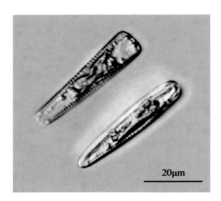

图 7-255　异极藻属
Gomphonema sp.

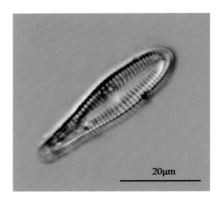

图 7-256　异极藻属
Gomphonema sp.

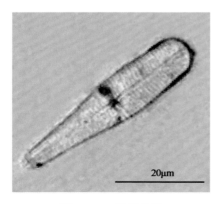

图 7-257　异极藻属
Gomphonema sp.

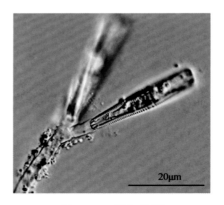

图 7-258　异极藻属
Gomphonema sp.

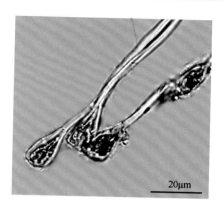

图 7-259　异极藻属

Gomphonema sp.

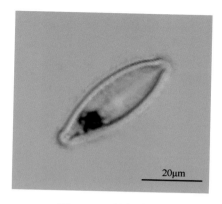

图 7-260　异极藻属

Gomphonema sp.

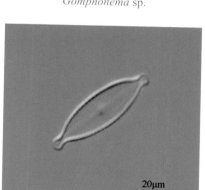

图 7-261　异极藻属

Gomphonema sp.

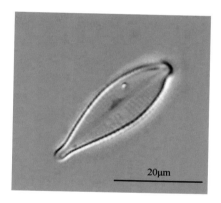

图 7-262　异极藻属

Gomphonema sp.

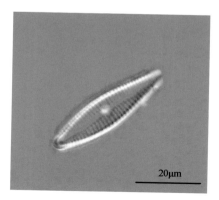

图 7-263　异极藻属

Gomphonema sp.

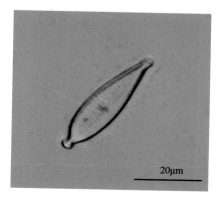

图 7-264　异极藻属

Gomphonema sp.

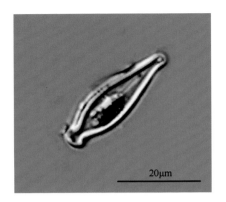

图 7-265　异极藻属
Gomphonema sp.

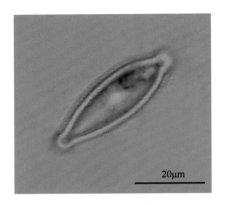

图 7-266　异极藻属
Gomphonema sp.

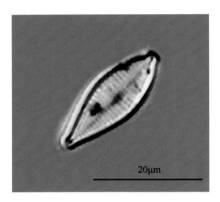

图 7-267　异极藻属
Gomphonema sp.

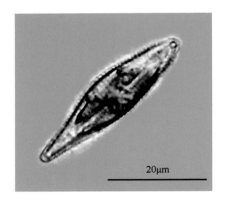

图 7-268　异极藻属
Gomphonema sp.

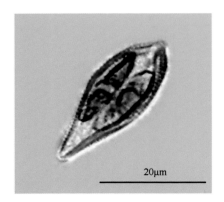

图 7-269　异极藻属
Gomphonema sp.

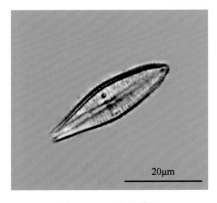

图 7-270　异极藻属
Gomphonema sp.

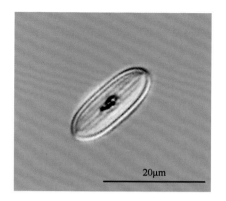

图 7-271 卵形藻属
Cocconeis sp.

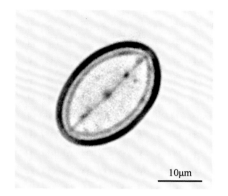

图 7-272 卵形藻属
Cocconeis sp.

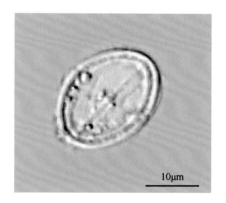

图 7-273 卵形藻属
Cocconeis sp.

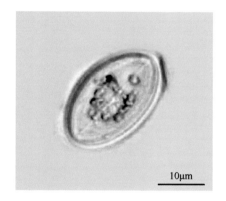

图 7-274 卵形藻属
Cocconeis sp.

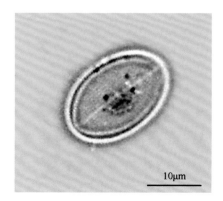

图 7-275 卵形藻属
Cocconeis sp.

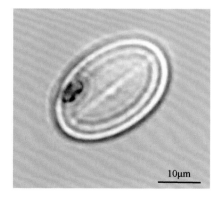

图 7-276 卵形藻属
Cocconeis sp.

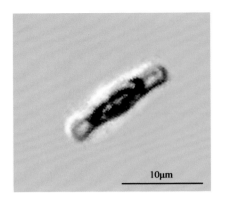

图 7-277　曲壳藻属

Achnanthes sp.

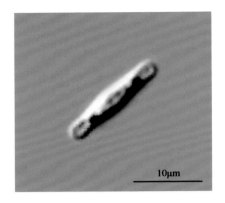

图 7-278　曲壳藻属

Achnanthes sp.

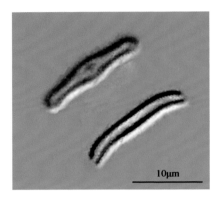

图 7-279　曲壳藻属

Achnanthes sp.

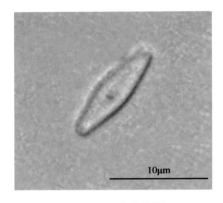

图 7-280　曲壳藻属

Achnanthes sp.

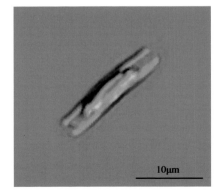

图 7-281　曲壳藻属

Achnanthes sp.

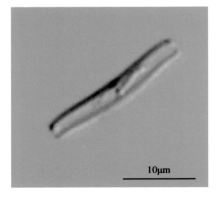

图 7-282　曲壳藻属

Achnanthes sp.

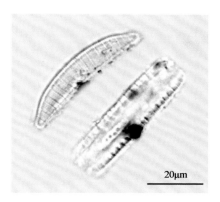

图 7-283 膨大窗纹藻
Epithemia turgida

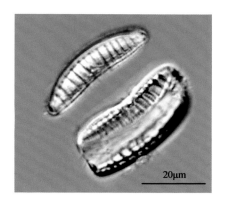

图 7-284 膨大窗纹藻
Epithemia turgida

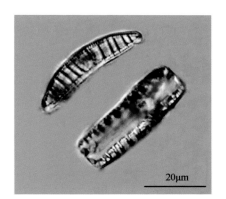

图 7-285 膨大窗纹藻
Epithemia turgida

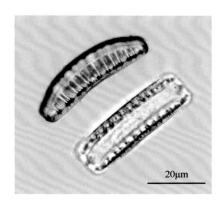

图 7-286 膨大窗纹藻
Epithemia turgida

图 7-287 窗纹藻属
Epithemia sp.

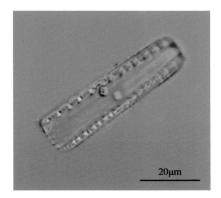

图 7-288 窗纹藻属
Epithemia sp.

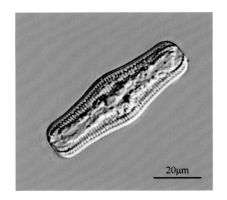

图 7-289　弯棒杆藻
Rhopalodia gibba

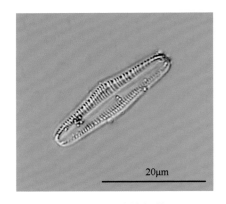

图 7-290　弯棒杆藻
Rhopalodia gibba

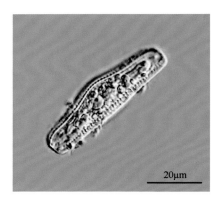

图 7-291　弯棒杆藻
Rhopalodia gibba

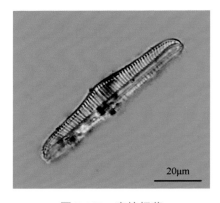

图 7-292　弯棒杆藻
Rhopalodia gibba

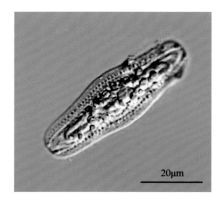

图 7-293　弯棒杆藻
Rhopalodia gibba

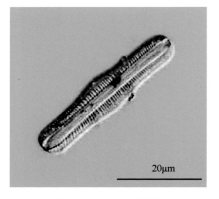

图 7-294　弯棒杆藻
Rhopalodia gibba

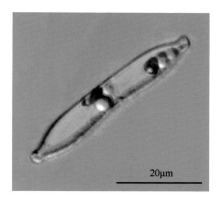

图 7-295　双尖菱板藻

Hantzschia amphioxys

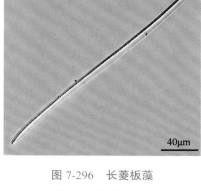

图 7-296　长菱板藻

Hantzschia elongata

图 7-297　针状菱形藻

Nitzschia acicularis

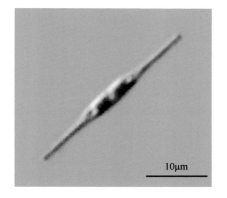

图 7-298　针状菱形藻

Nitzschia acicularis

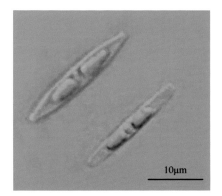

图 7-299　两栖菱形藻

Nitzschia amphibia

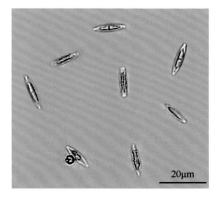

图 7-300　两栖菱形藻

Nitzschia amphibia

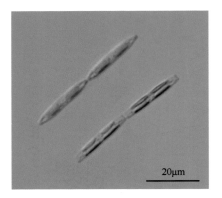

图 7-301　两栖菱形藻

Nitzschia amphibia

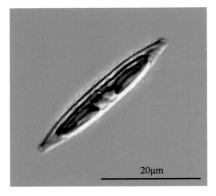

图 7-302　两栖菱形藻

Nitzschia amphibia

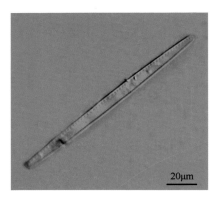

图 7-303　丝状菱形藻

Nitzschia filiformis

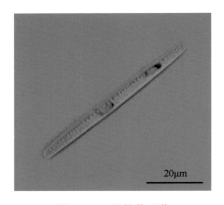

图 7-304　丝状菱形藻

Nitzschia filiformis

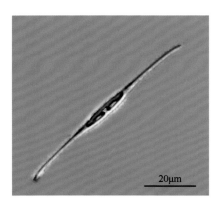

图 7-305　洛伦菱形藻

Nitzschia lorenziana

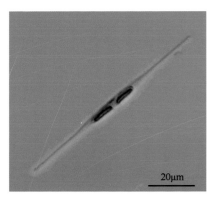

图 7-306　洛伦菱形藻

Nitzschia lorenziana

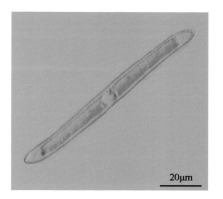

图 7-307 钝端菱形藻

Nitzschia obtusa

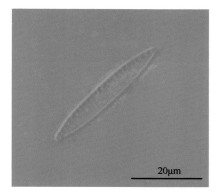

图 7-308 谷皮菱形藻

Nitzschia palea

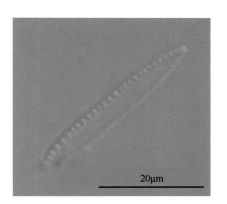

图 7-309 谷皮菱形藻

Nitzschia palea

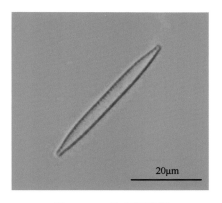

图 7-310 谷皮菱形藻

Nitzschia palea

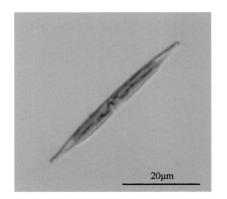

图 7-311 谷皮菱形藻

Nitzschia palea

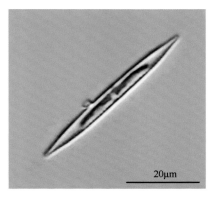

图 7-312 谷皮菱形藻

Nitzschia palea

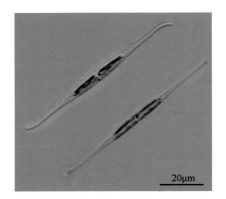

图 7-313　反曲菱形藻
Nitzschia reversa

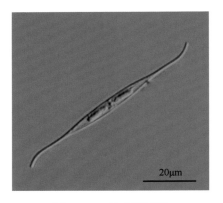

图 7-314　反曲菱形藻
Nitzschia reversa

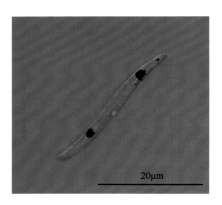

图 7-315　弯菱形藻
Nitzschia sigma

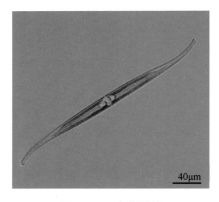

图 7-316　弯菱形藻
Nitzschia sigma

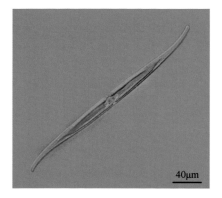

图 7-317　弯菱形藻
Nitzschia sigma

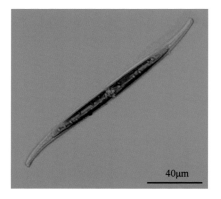

图 7-318　弯菱形藻
Nitzschia sigma

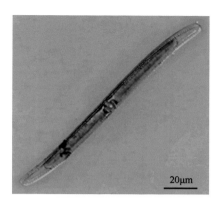

图 7-319　类 S 状菱形藻
Nitzschia sigmoidea

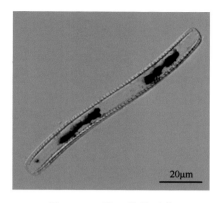

图 7-320　类 S 状菱形藻
Nitzschia sigmoidea

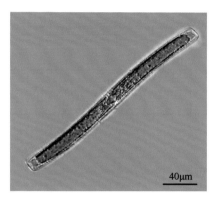

图 7-321　类 S 状菱形藻
Nitzschia sigmoidea

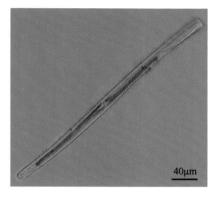

图 7-322　类 S 状菱形藻
Nitzschia sigmoidea

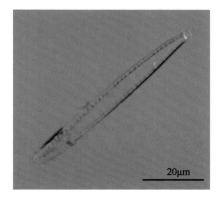

图 7-323　菱形藻属
Nitzschia sp.

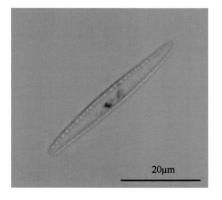

图 7-324　菱形藻属
Nitzschia sp.

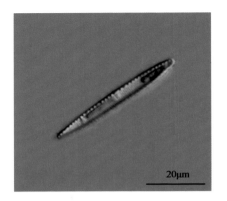

图 7-325　菱形藻属
Nitzschia sp.

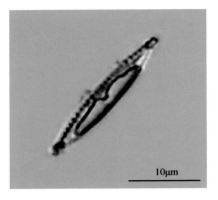

图 7-326　菱形藻属
Nitzschia sp.

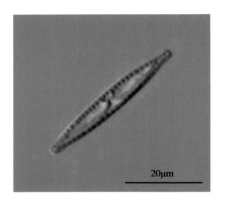

图 7-327　菱形藻属
Nitzschia sp.

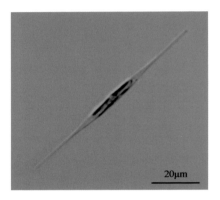

图 7-328　菱形藻属
Nitzschia sp.

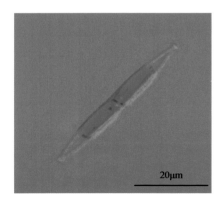

图 7-329　菱形藻属
Nitzschia sp.

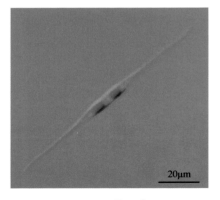

图 7-330　菱形藻属
Nitzschia sp.

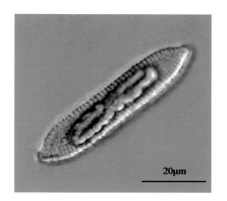

图 7-331　草鞋形波缘藻
Cymatopleura solea

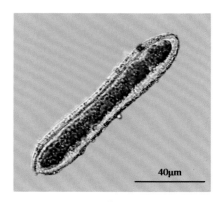

图 7-332　草鞋形波缘藻
Cymatopleura solea

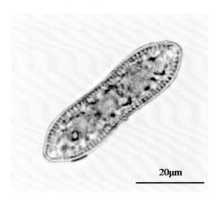

图 7-333　草鞋形波缘藻
Cymatopleura solea

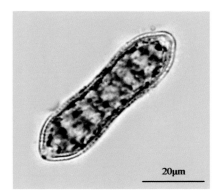

图 7-334　草鞋形波缘藻
Cymatopleura solea

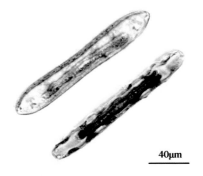

图 7-335　草鞋形波缘藻
Cymatopleura solea

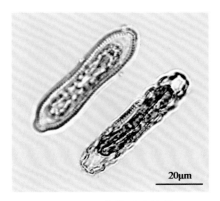

图 7-336　草鞋形波缘藻
Cymatopleura solea

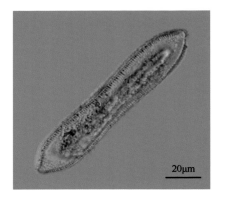

图 7-337　草鞋形波缘藻
Cymatopleura solea

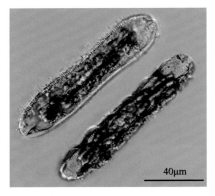

图 7-338　草鞋形波缘藻
Cymatopleura solea

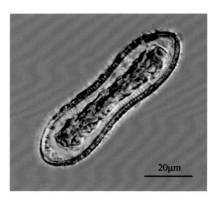

图 7-339　草鞋形波缘藻
Cymatopleura solea

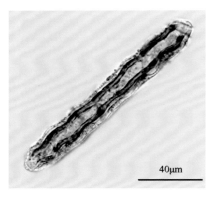

图 7-340　草鞋形波缘藻
Cymatopleura solea

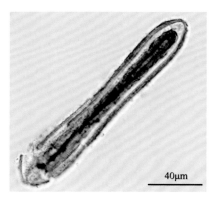

图 7-341　草鞋形波缘藻细长变种
Cymatopleura solea var. *gracilis*

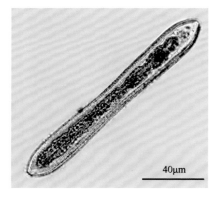

图 7-342　草鞋形波缘藻细长变种
Cymatopleura solea var. *gracilis*

图 7-343　端毛双菱藻
Surirella capronii

图 7-344　端毛双菱藻
Surirella capronii

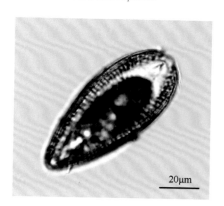

图 7-345　端毛双菱藻
Surirella capronii

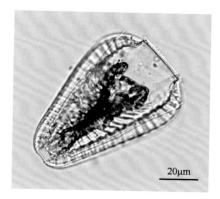

图 7-346　端毛双菱藻
Surirella capronii

图 7-347　粗壮双菱藻
Surirella robusta

图 7-348　粗壮双菱藻
Surirella robusta

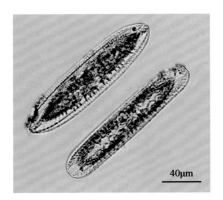

图 7-349　粗壮双菱藻
Surirella robusta

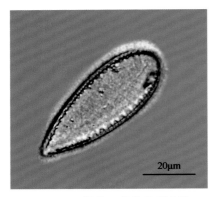

图 7-350　粗壮双菱藻华彩变种
Surirella robusta var. *splendida*

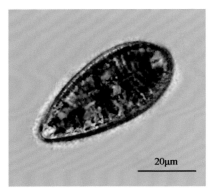

图 7-351　粗壮双菱藻华彩变种
Surirella robusta var. *splendida*

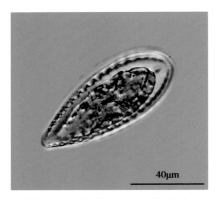

图 7-352　粗壮双菱藻华彩变种
Surirella robusta var. *splendida*

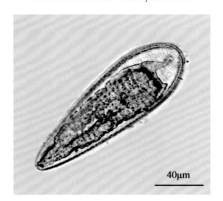

图 7-353　双菱藻属
Surirella sp.

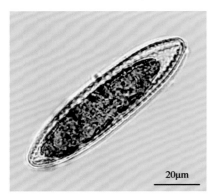

图 7-354　双菱藻属
Surirella sp.

第八章

隐藻门 Cryptophyta

隐藻绝大多数为单细胞。多数种类具鞭毛，极少数种类无鞭毛。具鞭毛种类长椭圆形或卵形，前端较宽，钝圆或斜向平截，显著纵扁，背侧略凸，腹侧平直或略凹入；腹侧前端偏于一侧具向后延伸的纵沟。鞭毛 2 条，不等长，有的种类具 1 条口沟自前端向后延伸，自腹侧前端伸出，或生于侧面。具 1 个或 2 个大形叶状的色素体，多为黄绿色或黄褐色，也有的为蓝绿色、绿色或红色；有些种类无色素体。具蛋白核或无。储藏物质为淀粉和油滴。细胞单核，伸缩泡位于细胞前端。绝大多数的繁殖方式为细胞纵分裂。隐藻在淡水中广泛分布，大多分布于较小型湖泊、池塘、沼泽中。在有机物质较丰富的较肥水体中，特别是在浅水区、沿岸地区数量较多。

本门仅 1 纲——隐藻纲（Cryptophyceae），我国记载的仅 1 科，为隐鞭藻科（Cryptomonadaceae）。

分属检索表

1（2）纵沟和口沟常不明显；色素体多为 1 个，常为蓝绿色··················
·· （一）蓝隐藻属 *Chroomonas*

2（1）纵沟和口沟明显；色素体多为 2 个，黄褐色或有时为红色··············
·· （二）隐藻属 *Cryptomonas*

（一）蓝隐藻属 *Chroomonas*（图 8-1 和图 8-2）

细胞长卵形、椭圆形、近球形、近圆柱形、圆锥形或纺锤形。前端常斜截或平直，后端钝圆或渐尖；背腹扁平；纵沟或口沟常很不明显。无刺丝胞或极小。鞭毛 2 条，不等长。色素体多为 1 个，周生，盘状，边缘常具浅缺刻，蓝色到蓝绿色。蛋白核 1 个，位于中央或细胞下半部。细胞核 1 个，位于细胞下半部。

（二）隐藻属 *Cryptomonas*（图 8-3～图 8-12）

细胞椭圆形、豆形、卵形、圆锥形、纺锤形或 "S" 形。背腹扁平，背部明显隆起，腹部平直或略凹入。横断面多呈椭圆形。细胞前端钝圆或为斜截形，后端为或宽或窄的钝圆形。具明显口沟，位于腹面。鞭毛 2 条，自口沟伸出。具刺丝胞或无。液泡 1 个，位于细胞前端。色素体 2 个，有时仅 1 个，位于背侧或腹侧，或位于细胞的两侧面，黄绿色或黄褐色，有时为红色，多数具 1 个蛋白核，也有具 2～4 个的，或无蛋白核；细胞核 1 个，位于细胞后端。

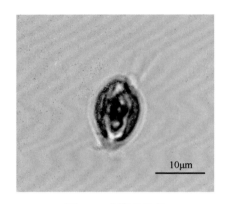

图 8-1　尖尾蓝隐藻

Chroomonas acuta

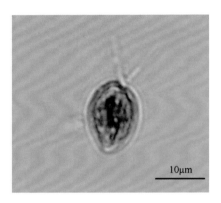

图 8-2　尖尾蓝隐藻

Chroomonas acuta

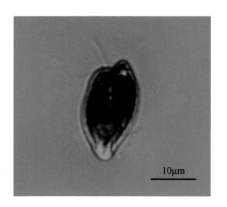

图 8-3　啮蚀隐藻

Cryptomonas erosa

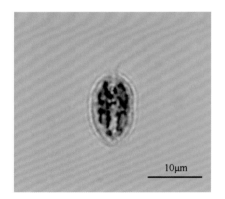

图 8-4　啮蚀隐藻

Cryptomonas erosa

图 8-5　啮蚀隐藻

Cryptomonas erosa

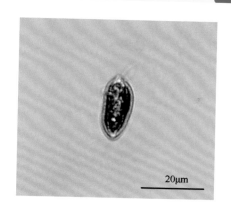

图 8-6　啮蚀隐藻

Cryptomonas erosa

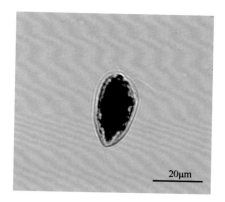

图 8-7　啮蚀隐藻

Cryptomonas erosa

图 8-8　啮蚀隐藻

Cryptomonas erosa

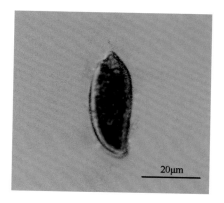

图 8-9　马氏隐藻

Cryptomonas marssonii

图 8-10　马氏隐藻

Cryptomonas marssonii

图 8-11　卵形隐藻
Cryptomonas ovata

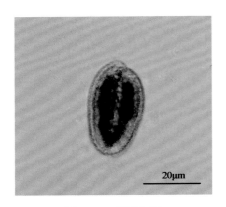

图 8-12　卵形隐藻
Cryptomonas ovata

第九章

甲藻门 Dinophyta

　　甲藻门绝大多数种类为单细胞，丝状的极少。细胞球形到针状，背腹扁平或左右侧扁；细胞裸露或具细胞壁，壁薄或厚而硬。纵裂甲藻类的细胞壁由左右 2 片组成。无纵沟或横沟。横裂甲藻类的壳壁由许多小板片组成；板片有时具角、刺或乳头状突起，板片表面常具圆孔纹或窝孔纹。大多数种类具 1 条横沟和纵沟。横沟位于细胞中部，横沟上半部称上壳或上锥部，下半部称下壳或下锥部。纵沟又称"腹区"，位于下锥部腹面。具两条鞭毛，顶生或从横沟和纵沟相交处的鞭毛孔伸出。1 条为横鞭，带状，环绕在横沟中；1 条为纵鞭，线状，通过纵沟向后伸出。色素体多个，圆盘状或棒状，常分散在细胞表层，棒状色素体常呈辐射状排列，金黄色、黄绿色或褐色；极少数种类无色。有的种类具蛋白核。储藏物质为淀粉和油。少数种类具刺丝胞。有些种类具眼点。细胞分裂是甲藻类最普遍的繁殖方法。

　　此门是一类重要的浮游藻类，大多数是海产种类，少数寄生在鱼类、桡足类及其他无脊椎动物体内。甲藻是水生动物的主要饵料，但是如果甲藻过量繁殖常使水色变红，形成赤潮。形成赤潮的主要种类有多甲藻、裸甲藻等属。由于赤潮中甲藻细胞密度很大，藻体死亡后，会滋生大量的腐生细菌，细菌的分解作用使水体溶解氧急剧减少，并产生有毒物质，加之有的甲藻能分泌毒素，所以赤潮发生后会造成当地鱼、虾、贝等水生动物的大量死亡。

　　本门仅 1 纲，为甲藻纲（Dinophyceae），常见的有 1 目，为多甲藻目（Peridiniales）。

分属检索表

1（4）细胞壁常由大小相等的板片组成 ⋯⋯⋯⋯⋯裸甲藻科 Gymnodiniaceae
2（3）细胞背腹常扁平 ⋯⋯⋯⋯⋯⋯⋯⋯⋯⋯（一）裸甲藻属 *Gymnodinium*
3（2）细胞背腹常不扁平 ⋯⋯⋯⋯⋯⋯⋯⋯⋯（二）薄甲藻属 *Glenodinium*
4（1）细胞壁由大小不等的板片组成，每种的上壳板片数目恒定
5（8）细胞前端和后端无粗大的角 ⋯⋯⋯⋯⋯⋯⋯ 多甲藻科 Peridiniaceae

6（7）上壳具 2 或 3 块间插板 ····················（三）多甲藻属 *Peridinium*

7（6）上壳无或具 1 块间插板 ·················（四）拟多甲藻属 *Peridiniopsis*

8（5）细胞具 1 个粗大的顶角和 2～3 个（罕为 1 个）底角 ·····················
·······················多甲藻科 Peridiniaceae——（五）角甲藻属 *Ceratium*

（一）裸甲藻属 *Gymnodinium*（图 9-1）

细胞卵形到近圆球形，有时具小突起，大多数近两侧对称。细胞前后两端钝圆或顶端钝圆末端狭窄；上锥部和下锥部大小相等，或上锥部较大或下锥部较大。多数背腹扁平。横沟明显，通常环绕细胞一周，常为左旋；纵沟或深或浅，长度不等。上壳面无龙骨突起，细胞表面多数平滑。色素体多个，金黄色、绿色、褐色或蓝色，盘状或棒状，周生或辐射排列。

（二）薄甲藻属 *Glenodinium*（图 9-2）

细胞球形到长卵形，近两侧对称，横断面椭圆形或肾形，不侧扁，具明显的细胞壁，大多数为整块，少数由多角形的大小不等的板片组成，上壳板片数目不定，下壳规则地由 5 块沟后板和 2 块底板组成。板片表面通常平滑，无网状窝孔纹，有时具乳头状突起；横沟中间位或略偏于下壳，环状环绕，无或很少有螺旋环绕的；纵沟明显，色素体多数，盘状，金黄色到暗褐色。有的种类具有眼点。

（三）多甲藻属 *Peridinium*（图 9-3～图 9-6）

淡水种类细胞常为球形、椭圆形到卵形，罕见多角形，略扁平，顶面观常呈肾形，背部明显凸出，腹部平直或凹入。纵沟、横沟显著，大多数种类的横沟位于中间略下部分，多数为环状。沟边缘有时具刺状或乳头状突起。通常上锥部较长而狭，下锥部短而宽。板片光滑或具花纹；板间带或狭或宽，宽的板间带常具横纹。

（四）拟多甲藻属 *Peridiniopsis*（图 9-7～图 9-18）

细胞椭圆形或圆球形；下锥部等于或小于上锥部；板片可具刺、似齿状突起或翼状饰纹。分布于多种生境中，具有广泛的地理分布。大多数种类生活于淡水中，也有少数种类被发现于半咸水或咸水中。拟多甲藻属是重要的淡水有壳甲藻，是形成淡水甲藻水华的主要类群之一。

（五）角甲藻属 *Ceratium*（图 9-19～图 9-30）

单细胞或有时连接成群体。细胞具 1 个顶角和 2 或 3 个底角。顶角末端具顶孔，底角末端开口或封闭。横沟位于细胞中央，环状或略呈螺旋状，左旋或右旋。细胞腹面中央为斜方形透明区，纵沟位于腹区左侧，透明区右侧为一锥形沟。板片程式为：4'，5"，5'''，2''''，无前后间插板；顶板联合组成顶角，底板组成一个底角，沟后板组成另一个底角。壳面具网状窝孔纹。

图 9-1　裸甲藻属

Gymnodinium sp.

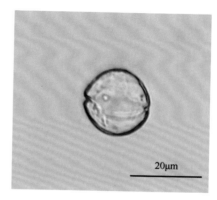

图 9-2　薄甲藻属

Glenodinium sp.

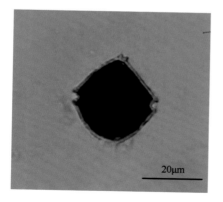

图 9-3　二角多甲藻

Peridinium bipes

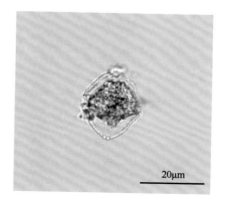

图 9-4　二角多甲藻

Peridinium bipes

图 9-5　微小多甲藻
Peridinium pusillum

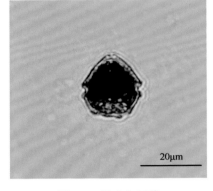

图 9-6　微小多甲藻
Peridinium pusillum

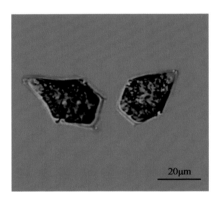

图 9-7　倪氏拟多甲藻
Peridiniopsis niei

图 9-8　倪氏拟多甲藻
Peridiniopsis niei

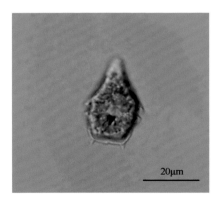

图 9-9　倪氏拟多甲藻
Peridiniopsis niei

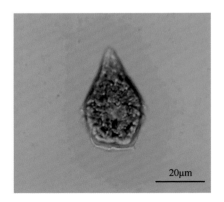

图 9-10　倪氏拟多甲藻
Peridiniopsis niei

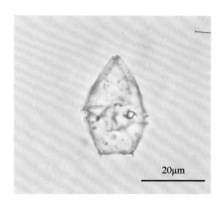

图 9-11　倪氏拟多甲藻
Peridiniopsis niei

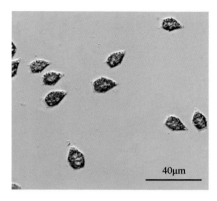

图 9-12　倪氏拟多甲藻
Peridiniopsis niei

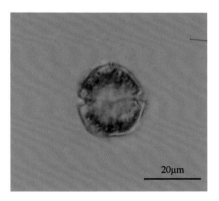

图 9-13　佩纳形拟多甲藻
Peridiniopsis penardiforme

图 9-14　佩纳形拟多甲藻
Peridiniopsis penardiforme

图 9-15　佩纳形拟多甲藻
Peridiniopsis penardiforme

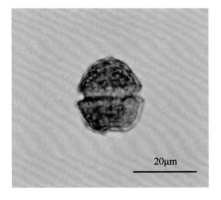

图 9-16　佩纳形拟多甲藻
Peridiniopsis penardiforme

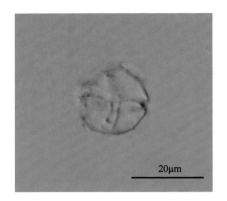

图 9-17　佩纳形拟多甲藻
Peridiniopsis penardiforme

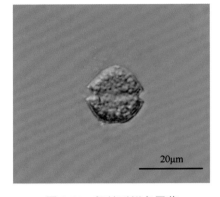

图 9-18　佩纳形拟多甲藻
Peridiniopsis penardiforme

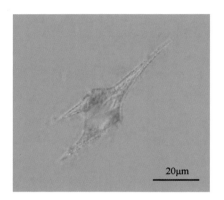

图 9-19　角甲藻
Ceratium hirundinella

图 9-20　角甲藻
Ceratium hirundinella

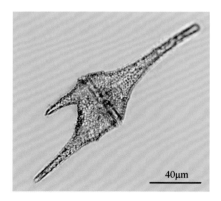

图 9-21　角甲藻
Ceratium hirundinella

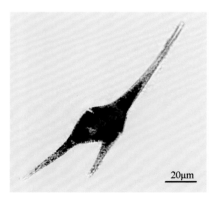

图 9-22　角甲藻
Ceratium hirundinella

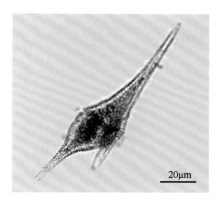

图 9-23　角甲藻

Ceratium hirundinella

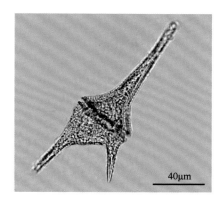

图 9-24　角甲藻

Ceratium hirundinella

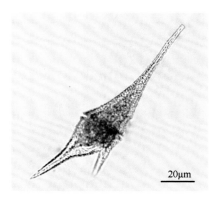

图 9-25　角甲藻

Ceratium hirundinella

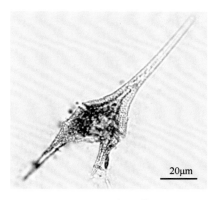

图 9-26　角甲藻

Ceratium hirundinella

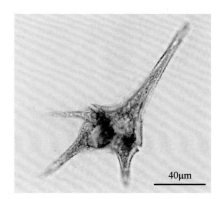

图 9-27　角甲藻

Ceratium hirundinella

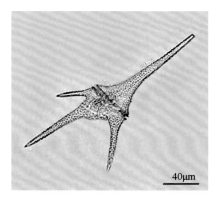

图 9-28　角甲藻

Ceratium hirundinella

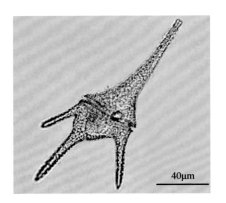

图 9-29　角甲藻
Ceratium hirundinella

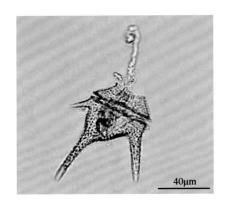

图 9-30　角甲藻
Ceratium hirundinella

第十章

裸藻门 Euglenophyta

　　裸藻门植物体为单细胞，大多能运动，具 1 条鞭毛（少数 2~3 条）。细胞椭圆形、卵形、纺锤形、球形或长带形；末端常尖细，或具刺。横断面圆形、扁形或多角形。细胞裸露无壁，仅具表质。表质有时较软，细胞可变形；有时较硬，细胞不能变形。有些种类具囊壳。囊壳无色，或呈黄色、棕色或橙色；表质平滑或具各种纹饰。囊壳前端有孔，鞭毛由此伸出。孔的周围有时增厚，有齿或有管状的领壳。细胞前端有胞口，下连胞咽和储蓄泡。无色素种类有时在胞咽处有棒状结构。储蓄泡附近有 1 个或几个伸缩泡。鞭毛由储蓄泡基部长出，由胞口伸向体外。裸藻门中大多数种类具色素体，色素体多数或 1~2 个，形状为球状、片状、盘状、星状。蛋白核有或无。蛋白核表面常有表壳形的副淀粉鞘，少数无鞘。同化产物主要为副淀粉，还有脂肪。副淀粉粒形状有球形、盘形、环形、鼓形或棒形等。繁殖方式为细胞纵分裂。裸藻分布广泛，在湖泊、河流的沿岸地带，以及沼泽、稻田、沟渠、潮湿土壤上均可生长，在有机质丰富的小型水体中数量最多。

　　本门仅 1 纲，为裸藻纲（Euglenophyceae），本纲仅 1 目，为裸藻目（Euglenales）。本书收录 1 科，为裸藻科（Euglenaceae）。

分属检索表

1（6）细胞表质柔软或略柔软，变形或略能变形，常具"裸藻状蠕动"

2（3）细胞不具囊壳······························（一）裸藻属 *Euglena*

3（2）细胞具囊壳

4（5）囊壳的领与壳体界限明显，表质具点、孔、刺等纹饰··················
·····················（二）囊裸藻属 *Trachelomonas*

5（4）囊壳的领与壳体的界限不明显，表面无点、孔、刺等纹饰，但常粗糙具瘤突··························（三）陀螺藻属 *Strombomonas*

6（1）细胞表质硬化，不能变形，无"裸藻状蠕动"··························
·····················（四）扁裸藻属 *Phacus*

（一）裸藻属 *Euglena*（图 10-1～图 10-24）

细胞形状多少能变，多为纺锤形或圆柱形，横切面圆形或椭圆形，后端多少延伸成尾状或具尾刺。表质柔软或半硬化，具螺旋形旋转排列的线纹。色素体 1 至多个，呈星形、盾形或盘形，蛋白核有或无。副淀粉粒呈小颗粒状，数量不等；或为定型大颗粒，2 至多个。细胞核较大，中位或后位。鞭毛单条。眼点明显，多数具明显的"裸藻状蠕动"，少数不明显。

（二）囊裸藻属 *Trachelomonas*（图 10-25～图 10-40）

细胞外具囊壳，囊壳球形、卵形、椭圆形、圆柱形或纺锤形等。囊壳表面光滑或具点纹、孔纹、颗粒、网纹、棘刺等纹饰。囊壳无色，由于铁质沉积而呈黄色、橙色或褐色，透明或不透明。囊壳的前端具一圆形的鞭毛孔，有或无领，有或无环状加厚圈。囊壳内的原生质体裸露无壁，其他特征与裸藻属相似。

（三）陀螺藻属 *Strombomonas*（图 10-41～图 10-48）

细胞具囊壳，囊壳较薄，前端逐渐收缩成一长领，领与囊壳之间无明显界限，多数种类的后端渐尖，呈一长尾刺。囊壳的表面光滑或具皱纹，无囊壳裸藻那样多的纹饰。原生质体特征与裸藻相同。

（四）扁裸藻属 *Phacus*（图 10-49～图 10-66）

细胞表质硬，形状固定，扁平，正面观一般呈圆形、卵形或椭圆形，有的呈螺旋形扭转，顶端具纵沟，后端多数呈尾状。表质具纵向或螺旋形排列的线纹、点纹或颗粒。绝大多数种类的色素体呈圆盘形，多数，无蛋白核。副淀粉粒较大，有环形、假环形、圆盘形、球形、线轴形或哑铃形等各种形状，常为 1 至数个，有时还有一些球形、卵形或杆形的小颗粒。单鞭毛。具眼点。

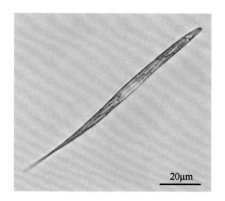

图 10-1　梭形裸藻

Euglena acus

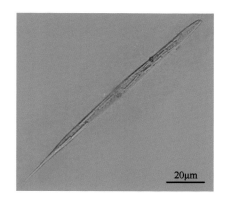

图 10-2　梭形裸藻

Euglena acus

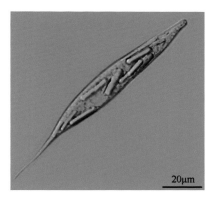

图 10-3　梭形裸藻

Euglena acus

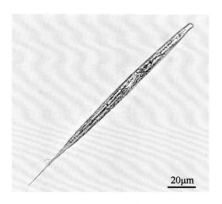

图 10-4　梭形裸藻

Euglena acus

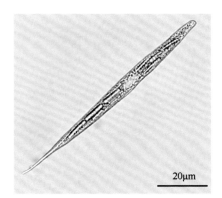

图 10-5　梭形裸藻

Euglena acus

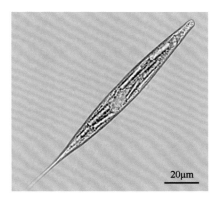

图 10-6　梭形裸藻

Euglena acus

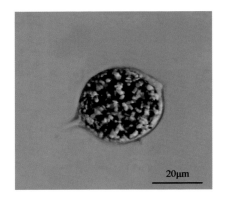

图 10-7 尾裸藻

Euglena caudata

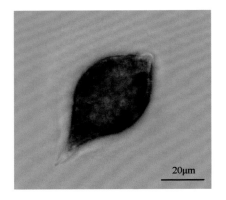

图 10-8 尾裸藻

Euglena caudata

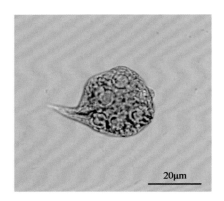

图 10-9 尾裸藻

Euglena caudata

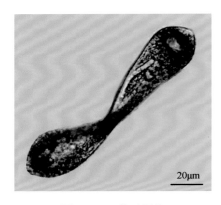

图 10-10 带形裸藻

Euglena ehrenbergii

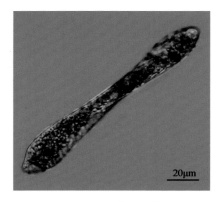

图 10-11 带形裸藻

Euglena ehrenbergii

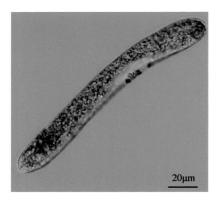

图 10-12 带形裸藻

Euglena ehrenbergii

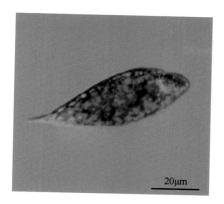

图 10-13　纤细裸藻

Euglena gracilis

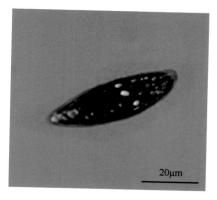

图 10-14　纤细裸藻

Euglena gracilis

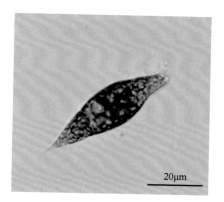

图 10-15　纤细裸藻

Euglena gracilis

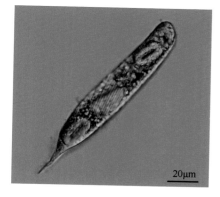

图 10-16　尖尾裸藻

Euglena oxyuris

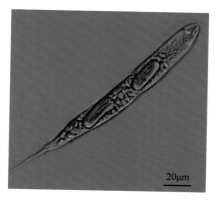

图 10-17　尖尾裸藻

Euglena oxyuris

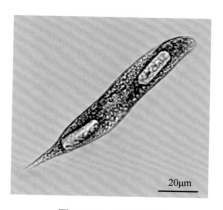

图 10-18　尖尾裸藻

Euglena oxyuris

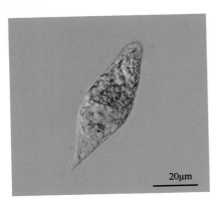

图 10-19　多形裸藻

Euglena polymorpha

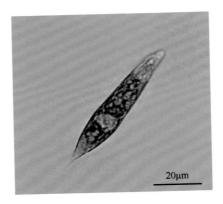

图 10-20　多形裸藻

Euglena polymorpha

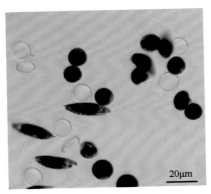

图 10-21　血红裸藻

Euglena sanguinea

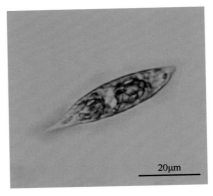

图 10-22　绿色裸藻

Euglena viridis

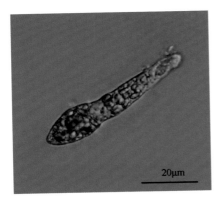

图 10-23　裸藻属

Euglena sp.

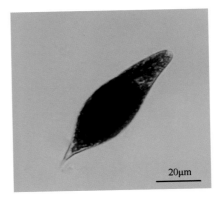

图 10-24　裸藻属

Euglena sp.

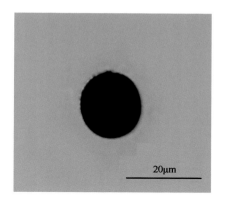

图 10-25　棘刺囊裸藻
Trachelomonas hispida

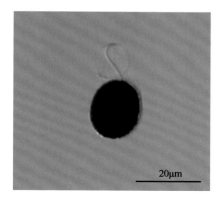

图 10-26　棘刺囊裸藻
Trachelomonas hispida

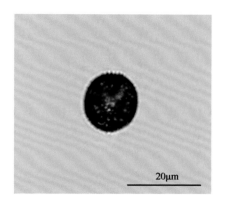

图 10-27　棘刺囊裸藻
Trachelomonas hispida

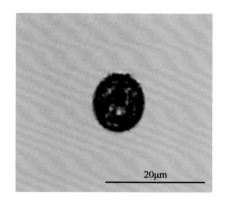

图 10-28　棘刺囊裸藻
Trachelomonas hispida

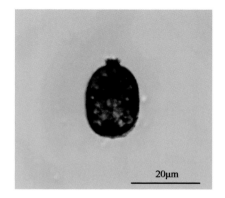

图 10-29　齿领囊裸藻
Trachelomonas lefevrei

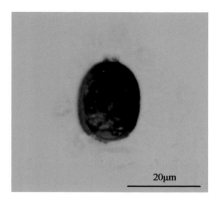

图 10-30　齿领囊裸藻
Trachelomonas lefevrei

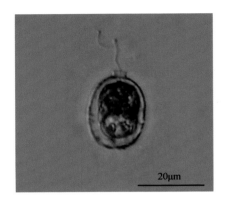

图 10-31　齿领囊裸藻

Trachelomonas lefevrei

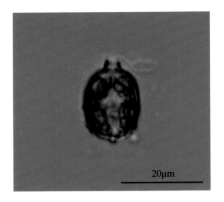

图 10-32　糙纹囊裸藻

Trachelomonas scabra

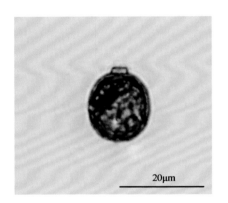

图 10-33　糙纹囊裸藻

Trachelomonas scabra

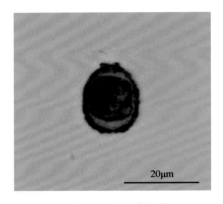

图 10-34　糙纹囊裸藻

Trachelomonas scabra

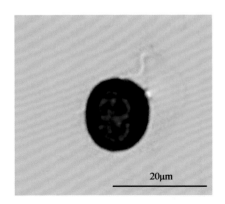

图 10-35　囊裸藻属

Trachelomonas sp.

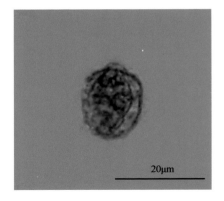

图 10-36　囊裸藻属

Trachelomonas sp.

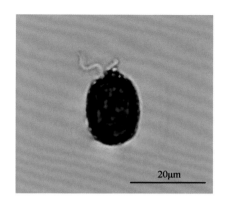

图 10-37 囊裸藻属

Trachelomonas sp.

图 10-38 囊裸藻属

Trachelomonas sp.

图 10-39 囊裸藻属

Trachelomonas sp.

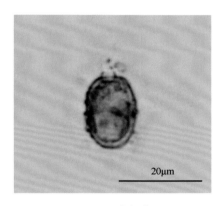

图 10-40 囊裸藻属

Trachelomonas sp.

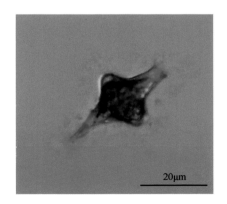

图 10-41 剑尾陀螺藻

Strombomonas ensifera

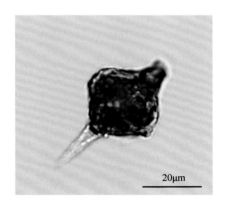

图 10-42 剑尾陀螺藻

Strombomonas ensifera

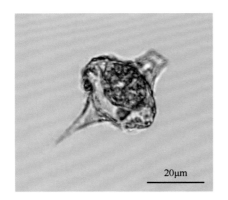

图 10-43 剑尾陀螺藻
Strombomonas ensifera

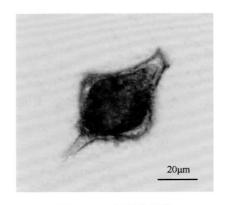

图 10-44 剑尾陀螺藻
Strombomonas ensifera

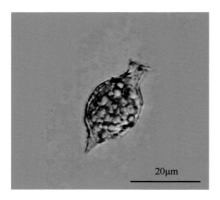

图 10-45 河生陀螺藻
Strombomonas fluviatilis

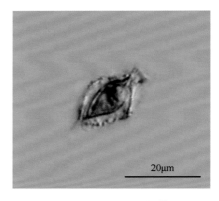

图 10-46 河生陀螺藻
Strombomonas fluviatilis

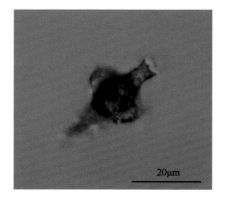

图 10-47 陀螺藻属
Strombomonas sp.

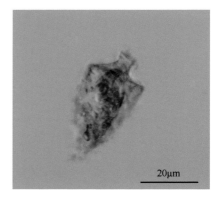

图 10-48 陀螺藻属
Strombomonas sp.

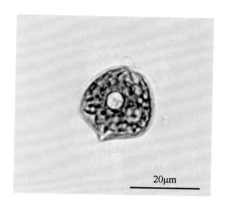

图 10-49　尖尾扁裸藻

Phacus acuminatus

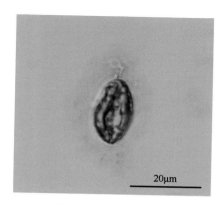

图 10-50　敏捷扁裸藻

Phacus agilis

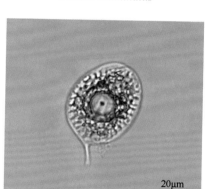

图 10-51　钩状扁裸藻

Phacus hamatus

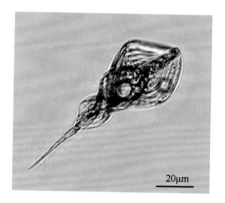

图 10-52　旋形扁裸藻

Phacus helicoides

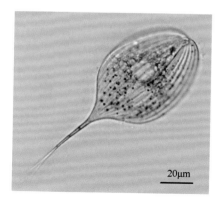

图 10-53　长尾扁裸藻

Phacus longicauda

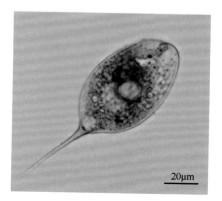

图 10-54　长尾扁裸藻

Phacus longicauda

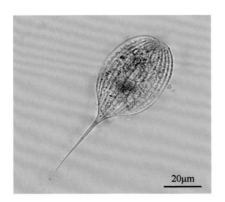

图 10-55　长尾扁裸藻

Phacus longicauda

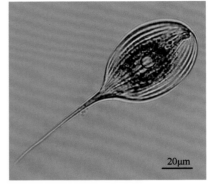

图 10-56　长尾扁裸藻

Phacus longicauda

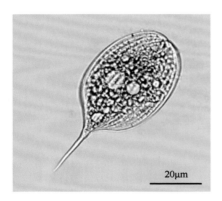

图 10-57　长尾扁裸藻

Phacus longicauda

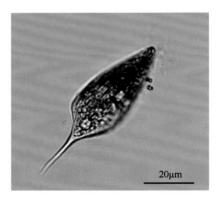

图 10-58　长尾扁裸藻

Phacus longicauda

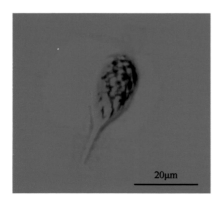

图 10-59　梨形扁裸藻

Phacus pyrum

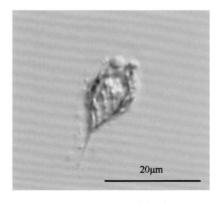

图 10-60　梨形扁裸藻

Phacus pyrum

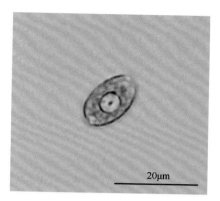

图 10-61　桃形扁裸藻

Phacus stokesii

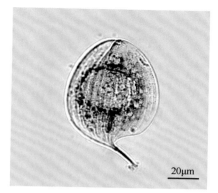

图 10-62　三棱扁裸藻

Phacus triqueter

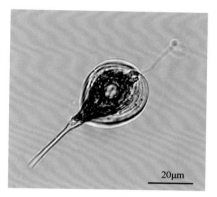

图 10-63　扭曲扁裸藻

Phacus tortus

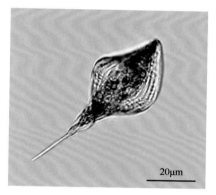

图 10-64　扭曲扁裸藻

Phacus tortus

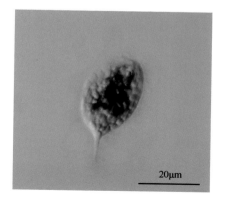

图 10-65　扁裸藻属

Phacus sp.

图 10-66　扁裸藻属

Phacus sp.

第十一章

绿藻门 Chlorophyta

　　绿藻门藻类类型多样，有单细胞鞭类、群体鞭毛类、四集体或四胞藻群体类、球形类、叠状结构类、丝状结构类、原叶结构类、管状结构类等。除少数类群细胞裸露无壁，或具特殊的表质或在原生质表面覆盖鳞片外，大多数具有细胞壁。细胞壁的主要成分为纤维素。细胞壁表面一般是光滑的，有的具颗粒、孔纹、刺、瘤、毛等构造。原生质体中央常具 1 个大的液泡。有的种类具小液泡。有些类群具有明显的胞间连丝。除少数种类无色素体外，多数种类具 1 个、数个或多个色素体，色素体含有的色素种类和各种色素的相对比例都与高等植物相似，含有叶绿素 a 和叶绿素 b，以及叶黄素、胡萝卜素、玉米黄素、紫黄质等。绝大多数呈草绿色，常具有蛋白核，储藏物质为淀粉，呈颗粒状。色素体位于细胞中央的为轴生，围绕细胞壁的为周生。色素体主要有杯状、片状、盘状、星状、带状和网状。有些种类老细胞的色素体常分散，充满整个细胞。大多数种类的细胞具有 1 个细胞核，少数为多核。运动鞭毛细胞通常顶生 2 条等长鞭毛，少数为 1 条、6 条或 8 条；鞭毛着生处基部常具 2（有时 1）个伸缩泡。运动鞭毛细胞常具 1 个橘红色的眼点，为椭圆形、线形、卵形等，多位于细胞色素体前部或中部的侧面。绿藻的繁殖方式有营养繁殖、无性繁殖和有性繁殖。绿藻分布广泛，从两极到赤道，从高山到平地均有分布，绝大多数种类产于淡水，少数产于海水，浮游和固着的均有，此外还有气生的种类，少数种类寄生或与真菌共生形成地衣。

分属检索表

1（100）植物体或其生活史中有鞭毛细胞出现···········绿藻纲 Chlorophyceae

2（89）植物体为单细胞、不定型群体、定型群体

3（24）植物体营养时期为运动型，营养细胞具鞭毛·······团藻目 Volvocales

4（15）植物体为单细胞

5（10）细胞无壳，原生质体与细胞壁间无细胞质连丝················
···衣藻科 Chlamydomonadaceae

6（9）细胞具 2 条鞭毛

7（8）细胞为长纺锤形 ··············（二）绿梭藻属 *Chlorogonium*

8（7）细胞为其他形态，色素体，具蛋白核··（一）衣藻属 *Chlamydomonas*

9（6）细胞具 4 条鞭毛，色素体上具蛋白核 ········（三）四鞭藻属 *Carteria*

10（5）细胞具壳 ······································壳衣藻科 Phacotaceae

11（14）囊壳侧扁，壳由 2 个半片组成

12（13）囊壳壳状，表面粗糙，色暗，不很透明···（五）壳衣藻属 *Phacotus*

13（12）囊壳膜状，表面平滑，无色透明 ·······（六）翼膜藻属 *Pteromonas*

14（11）囊壳不侧扁，壳上不具小孔，顶端具 1 个鞭毛孔 ·····················
···（四）球粒藻属 *Coccomonas*

15（4）植物体为定型群体，体扁平状，椭圆形到球形；群体具共同胶被········
···团藻科 Volvocaceae

16（17）群体呈板状，方形 ··················（七）盘藻属 *Gonium*

17（16）群体呈球形、卵形或椭圆形

18（19）群体细胞大小不等，前端的小，后端的大 ·····················
··（十）杂球藻属 *Pleodorina*

19（18）群体细胞大小相等

20（21）群体细胞彼此紧贴 ················（八）实球藻属 *Pandorina*

21（20）群体细胞彼此不紧贴

22（23）群体细胞不超过 256 个 ··········（九）空球藻属 *Eudorina*

23（22）群体细胞超过 256 个 ··········（十一）团藻属 *Volvox*

24（3）植物体营养时期为非运动型，营养细胞不具鞭毛 ·····················
···绿球藻目 Chlorococcales

25（70）植物体为单细胞或是暂时地聚集在一起，或是群体，但不是集结体 ·······························非集结体亚目 Acoenobianae

26（41）以动孢子进行生殖

27（34）细胞球形、椭圆形、卵形、多角形······绿球藻科 Chlorococcaceae

28（29）细胞壁平滑，均匀或不均匀增厚····（十二）绿球藻属 *Chlorococcum*

29（28）细胞壁具刺

30（31）植物体为由 4 个、8 个、16 个或更多个细胞组成的群体 ···········
···（十三）微芒藻属 *Micractinium*

31（30）植物体为单细胞

32（33）细胞壁表面的刺不规则 ·············（十四）多芒藻属 *Golenkinia*

33（32）细胞壁表面的刺均匀、细长·····（十五）拟多芒藻属 *Golenkiniopsis*

34（27）细胞长形而具有两极或细胞外壁为若干拼合的瓣

35（38）细胞长形，具两极形态；常有基部和顶部之分，但细胞不分瓣………
……………………………………………………………小桩藻科 Characiaceae

36（37）细胞有明显分化的两极，附生………（十六）小桩藻属 Characium

37（36）细胞不具有分化的两极，漂浮………（十七）弓形藻属 Schroederia

38（35）细胞外壁常分成拼合的瓣，每瓣向外延伸有至少 2 片角状或刺状的
突出物……………………………………………四棘藻科 Treubariaceae

39（40）细胞被膜有 3 个、4 个或更多个突出的角…………………………
……………………………………………………（十八）四棘藻属 Treubaria

40（39）细胞外层分布有规则的 17～20 条基部圆锥形、前端尖锐的刺…………
…………………………………………（十九）棘球藻属 Echinosphaerella

41（26）以似亲孢子进行生殖

42（63）植物体为单细胞，或多个细胞无规则地聚集的群体，无胶被………
……………………………………………………………小球藻科 Chlorellaceae

43（52）植物体为单细胞，细胞球形、卵形、多角形等，但不是新月形或纺锤形

44（49）细胞横断面圆形或长圆形

45（48）细胞壁光滑

46（47）细胞壁平滑……………………………………（二十）小球藻属 Chlorella

47（46）细胞壁具窝孔、小刺、网或脊状突起…（二十一）小箍藻属 Trochiscia

48（45）细胞壁两极具刺…………………（二十二）顶棘藻属 Chodatella

49（44）细胞横切面侧扁

50（51）细胞角突顶端若有刺，则多具 1 个、2 个或 3 个较短而粗或较细
的刺……………………………………………（二十三）四角藻属 Tetraedron

51（50）细胞角突顶端均有 3～10 根细长发状的刺…………………………
……………………………………………（二十四）多突藻属 Polyedriopsis

52（43）植物体为单细胞，但常 4 个或更多的细胞聚在一起，细胞新月形或
纺锤形

53（56）植物体是单细胞的

54（55）色素体螺旋状，含多个蛋白核…（二十五）拟新月藻属 Closteriopsis

55（54）色素体片状，含 1 个蛋白核…（二十六）单针藻属 Monoraphidium

56（53）植物体同时具有单细胞的，以及由 2 个、4 个、8 个或更多个细胞聚
集而成的个体；也有仅具有后者而不具有单细胞的个体

57（58）植物体常由 4 个、8 个、16 个或更多个细胞聚集在一起…………
……………………………………………（二十七）月牙藻属 Selenastrum

58（57）植物体兼具单细胞，以及由 2 个、4 个、8 个或更多细胞聚集而成的
个体

59（60）植物体外无共同的胶被 ········· （二十八）纤维藻属 *Ankistrodesmus*

60（59）植物体外有共同的胶被

61（62）细胞月形、半月形或弯曲成为马蹄形 ·······························
·························（二十九）蹄形藻属 *Kirchneriella*

62（61）细胞纺锤形 ····················（三十）并联藻属 *Quadrigula*

63（42）植物体为单细胞，或由母细胞壁胶被包被的细胞组成的群体 ·······
···卵囊藻科 Oocystaceae

64（69）群体胶被中无母细胞壁的残留碎片

65（68）细胞球形、椭圆形、长圆形、柱状长圆形

66（67）细胞球形，群体包被在较厚的胶质中 ·······················
·························（三十二）浮球藻属 *Planktosphaeria*

67（66）细胞非球形，群体包被在胶化膨大的母细胞壁中 ·············
·························（三十四）卵囊藻属 *Oocystis*

68（65）细胞肾形 ····················（三十三）肾形藻属 *Nephrocytium*

69（64）群体胶被中有母细胞壁的残留碎片 ·······························
·························（三十一）辐球藻属 *Radiococcus*

70（25）植物体为由一定数目的细胞组成的一定形状的群体

71（72）植物体为细胞彼此分离，由残存的母细胞壁或分泌的胶质连接形成一定形状和结构的群体 ··················原始集结体亚目 Protocoenobianae——网球藻科 Dictyosphaeraceae——（三十五）网球藻属 *Dictyosphaerium*

72（71）植物体为细胞彼此直接由它们的细胞壁互相连接形成一定形状和结构的群体 ···真集结体亚目 Eucoenobianae

73（76）集结体为囊形网状、扁平盘状 ············水网藻科 Hydrodictyaceae

74（75）细胞排列成平盘状 ··················（三十六）盘星藻属 *Pediastrum*

75（74）细胞放射状排列成球状 ·······（三十七）聚盘星藻属 *Soropediastrum*

76（73）集结体为栅栏状、四角形、中空球形或放射状

77（80）集结体为中空球形或放射状 ··················空星藻科 Coelastraceae

78（79）细胞球形或近球形，集结体为空心球体 ·······························
·························（三十八）空星藻属 *Coelastrum*

79（78）细胞柱状长圆形或长纺锤形 ·······（三十九）集星藻属 *Actinastrum*

80（77）集结体为栅栏状、四角形 ··················栅藻科 Scenedesmaceae

81（86）细胞十字交叉排列，长轴与集结体长轴垂直

82（83）植物体不为复合群体 ··················（四十）四星藻属 *Tetrastrum*

83（82）植物体可形成复合群体

84（85）细胞球形 ··················（四十一）韦斯藻属 *Westella*

85（84）细胞三角形、梯形或半圆形·········（四十二）十字藻属 *Crucigenia*

86（81）细胞长形，排列成 1 或 2 行，长轴与集结体长轴垂直

87（88）集结体由 2 个细胞组成，细胞新月形·······················

····························（四十三）双月藻属 *Dicloster*

88（87）集结体由 2*n* 个细胞组成，细胞形态多样··················

····························（四十四）栅藻属 *Scenedesmus*

89（2）植物体为简单或分枝丝状体、叶片状

90（99）植物体为不分枝丝状体·············丝藻目 Ulotrichales

91（98）色素体侧位，带状或筒（环）状，具 1 个或多个蛋白核，细胞壁罕有 "H" 片状构造·····················丝藻科 Ulotrichaceae

92（97）丝状体不具宽的胶鞘

93（96）丝状体长度无限，分化为顶细胞或基细胞

94（95）丝状体不具渐尖或弯曲的顶端细胞·········（四十五）丝藻属 *Ulothrix*

95（94）丝状体具渐尖的顶端细胞，有时弯曲···（四十六）尾丝藻属 *Uronema*

96（93）丝状体长度有限，不分化为顶细胞或基细胞·················

····························（四十七）克里藻属 *Klebsormidium*

97（92）丝状体具宽的胶鞘·············（四十八）双胞藻属 *Geminella*

98（91）色素体侧位，网状或有穿孔，无蛋白核；细胞壁有 "H" 片状构造·············微孢藻科 Microsporaceae——（四十九）微孢藻属 *Microspora*

99（90）植物体为分枝丝状体·············胶毛藻目 Chaetophorales——胶毛藻科 Chaetophoraceae——（五十）毛枝藻属 *Stigeoclonium*

100（1）植物体生活史任何时期无鞭毛细胞出现·················

····························双星藻纲 Zygnematophyceae

101（106）细胞壁由完整的一片组成、没有小孔，分裂的细胞不产生 1 个新的半细胞，细胞分裂后无缝线·············双星藻目 Zygnematales

102（103）植物体为单细胞或由数个细胞疏松连成短丝体·················

····························中带鼓藻科 Mesotaniaceae——（五十一）中带鼓藻属 *Mesotaenium*

103（102）植物体为单列不分枝的丝状体·········双星藻科 Zygnemataceae

104（105）营养细胞具轴生板状、星芒状、不规则球状的色素体·················

····························（五十二）转板藻属 *Mougeotia*

105（104）营养细胞具周生带状的色素体·······（五十三）水绵属 *Spirogyra*

106（101）细胞壁由 2 个或数个片段组成、有小孔，分裂的细胞产生 1 个新的半细胞，细胞分裂后，老的半细胞和新形成的半细胞间具缝线·················

····························鼓藻目 Desmidiales——鼓藻科 Desmidiaceae

107（114）细胞长圆柱形、月形、弓形，长为宽的 5 倍以上

108（113）细胞长轴直，不呈月形、弓形

109（110）细胞分裂后有时彼此暂时连成短丝状，长为宽的 8～40 倍…………
………………………………………（五十四）棒形鼓藻属 *Gonatozygon*

110（109）植物体为单细胞，长为宽的 2～7 倍

111（112）细胞圆柱形、短圆柱形，中部不凹入或略凹入………………
………………………………………（五十五）柱形鼓藻属 *Penium*

112（111）细胞长圆柱形，中部凹入 …（五十六）宽带鼓藻属 *Pleurotaenium*

113（108）细胞长轴略弯或弯，呈月形、弓形，极少数近直………………
………………………………………（五十七）新月藻属 *Closterium*

114（107）细胞不呈长圆柱形、月形、弓形，长为宽的 5 倍以下

115（118）细胞不明显侧扁，垂直面观呈辐射状的三角形或多角形

116（117）细胞壁具各种纹饰…………（五十八）角星鼓藻属 *Staurastrum*

117（116）细胞壁平滑或具穿孔纹……（五十九）叉星鼓藻属 *Staurodesmus*

118（115）细胞侧扁，垂直面观椭圆形、卵形、纺锤形

119（120）半细胞顶缘中间凹入或凹陷………（六十）凹顶鼓藻属 *Euastrum*

120（119）半细胞顶缘中间不凹入或凹陷……（六十一）鼓藻属 *Cosmarium*

（一）衣藻属 *Chlamydomonas*（图 11-1～图 11-14）

植物体为浮游单细胞；细胞球形、卵形、椭圆形或宽纺锤形等，常不纵扁；细胞壁平滑，不具或具有胶被。细胞前端中央具或不具乳头状突起，具 2 条等长鞭毛。具 1 个大型的色素体，多数杯状、"H"形或星状等，具 1 个蛋白核，少数具 2 个或多个。眼点位于细胞的一侧，橘红色。细胞核常位于细胞的中央偏前端，有的位于细胞中部或一侧。

（二）绿梭藻属 *Chlorogonium*（图 11-15～图 11-17）

植物体为单细胞，长纺锤形，前端具狭长的喙状突起，后端尖窄。横断面为圆形。细胞前端具 2 条等长的、约等于体长一半的鞭毛。色素体片状或块状，具 1 个、2 个、数个蛋白核或无。眼点近线形，常位于细胞的前部。细胞核位于细胞的中央。

（三）四鞭藻属 *Carteria*（图 11-18）

植物体为单细胞，球形、心形、卵形或椭圆形等，横断面为圆形；细胞壁明显，平滑。细胞前端中央有或无乳头状突起，具 4 条等长的鞭毛。色素体常为杯状，少数为"H"形或片状，具 1 个或数个蛋白核。有或无眼点。细胞单核。

（四）球粒藻属 *Coccomonas*（图 11-19 和图 11-20）

植物体为单细胞，囊壳球形、卵形或椭圆形，横断面为圆形或椭圆形，常具钙或铁的化合物沉积而呈黑褐色。原生质体小于囊壳，前端贴近囊壳，原生质体卵形或椭圆形，2 条等长的鞭毛从囊壳前端的 1 个开孔伸出。色素体大，杯状，基部具 1 个蛋白核。具 1 个眼点或无。细胞核位于原生质体的中央。

（五）壳衣藻属 *Phacotus*（图 11-21）

植物体为单细胞，纵扁。囊壳正面观球形、卵形或椭圆形；侧面观广卵形、椭圆形或双凸透镜形；囊壳由 2 个半片组成，侧面 2 个半片接合处具 1 条纵向的缝线；囊壳常具钙质沉淀而呈暗黑色；壳面平滑或粗糙，具各种花纹。原生质体小于囊壳，除前端贴近囊壳外与囊壳分离。原生质体为卵形或近卵形，前端中央具 2 条等长的鞭毛从囊壳的 1 个开孔伸出。色素体大，杯状，具 1 个或数个蛋白核。眼点位于细胞的近前端或近后端的一侧。细胞单核。

（六）翼膜藻属 *Pteromonas*（图 11-22～图 11-24）

植物体为单细胞，明显纵扁。囊壳正面观球形或卵形，前端宽而平直，或呈正方形到长方形、六角形，角上具或不具翼状突起；侧面观近菱形，中间具 1 条纵向的缝线。囊壳由 2 个半片组成，表面平滑。原生质体小于囊壳，前端靠近囊壳，正面观球形、卵形或椭圆形，前端中央具 2 条等长鞭毛，从囊壳的 1 个开孔伸出。色素体杯状或块状，具 1 个或数个蛋白核。眼点椭圆形或近线形，位于细胞近前端。细胞核位于细胞的中央或略偏前端。

（七）盘藻属 *Gonium*（图 11-25）

植物体为板状群体，方形，由 4～32 个细胞组成，排列在 1 个平面上，具胶被。群体细胞的个体胶被明显，彼此由胶被部分相连，呈网状，中央具 1 个大的空腔。群体细胞形态构造相同，球形、卵形或椭圆形，前端具 2 条等长的鞭毛。色素体大，杯状，近基部具 1 个蛋白核。眼点 1 个，位于细胞近前端。

（八）实球藻属 *Pandorina*（图 11-26～图 11-28）

定型群体具胶被，球形或短椭圆形，由 8 个、16 个或 32 个细胞组成，常为 16 个细胞，罕见 4 个细胞。群体细胞彼此紧贴，位于群体中心，细胞间常无空隙，或仅在群体中心有小空间。细胞球形、倒卵形或楔形，前端中央具 2 条等长鞭毛。色素体多为杯状，少数为块状或长线状，具 1 个或数个蛋白核和 1 个眼点。

（九）空球藻属 *Eudorina*（图 11-29～图 11-36）

定型群体椭圆形，罕见球形，由 16 个、32 个或 64 个细胞组成，常为 32 个细胞。群体细胞彼此分离，排列在群体胶被的周边，群体胶被表面平滑或具胶质小刺，个体胶被彼此融合。细胞球形，壁薄，前端向群体外侧，中央具 2 条等长的鞭毛。色素体杯状，仅 1 个种的色素体为长线状，具 1 个或数个蛋白核。眼点位于细胞前端。

（十）杂球藻属 *Pleodorina*（图 11-37～图 11-40）

定型群体具胶被，球形或宽椭圆形，由 32 个、64 个或 128 个细胞组成。群体细胞彼此分离，排列在群体胶被周边，个体胶被彼此融合。群体内具大小不同的两种细胞，较大的为生殖细胞，较小的为营养细胞。群体细胞球形到卵形，前端中央具 2 条等长的鞭毛。色素体杯状，充满细胞成块状。营养细胞具 1 个蛋白核。眼点位于细胞的近前端一侧。

（十一）团藻属 *Volvox*（图 11-41 和图 11-42）

定型群体具胶被，球形、卵形或椭圆形，由 512 个至数万个细胞组成。群体细胞彼此分离，排列在无色的群体胶被周边，个体胶被彼此融合或不融合。成熟的群体细胞分化成营养细胞和生殖细胞，群体细胞间具或不具细胞质连丝。成熟的群体常包含若干个幼小的子群体。群体细胞球形、卵形、扁球形、多角形、楔形或星形，前端中央具 2 条等长的鞭毛。色素体杯状、碗状或盘状，具 1 个蛋白核。眼点位于细胞近前端一侧。细胞核位于细胞的中央。

（十二）绿球藻属 *Chlorococcum*（图 11-43 和图 11-44）

植物体为单细胞，或聚集成膜状团块或包被在胶质中。细胞球形、近球形或椭圆形，大小很不一致，幼时细胞壁薄，老的细胞常不规则地增厚，并明显分层。色素体在幼细胞时为周生、杯状，1 个，具 1 个蛋白核，随细胞的生长而分散，并充满整个细胞，具数个蛋白核和多数淀粉颗粒。细胞核 1 个或多个。此属藻类多为气生或亚气生，少数种类生长在水中。

（十三）微芒藻属 *Micractinium*（图 11-45～图 11-54）

植物体由 4 个、8 个、16 个、32 个或更多的细胞组成，排成四方形、角锥形或球形，细胞有规律地相互聚集，无胶被，有时形成复合群体。细胞多为球形或略扁平，细胞外侧的细胞壁具 1～10 条长粗刺。色素体周生、杯状，1 个。具 1 个蛋白核或无。

（十四）多芒藻属 *Golenkinia*（图 11-55）

植物体为单细胞。细胞球形。细胞壁薄，具一层很薄的胶被。细胞壁表面有许多分布不规则的、基部不明显粗大的纤细无色透明的刺，有时因含有铁质而呈褐色。色素体 1 个，杯状，周位。具 1 个蛋白核。

（十五）拟多芒藻属 *Golenkiniopsis*（图 11-56～图 11-60）

植物体为单细胞，球形，罕近椭圆形。细胞壁薄，外有极薄的胶被。表面具有许多分布均匀、细长、基部加厚或否、中空的长刺。色素体 1 个，杯状，周位。具 1 个球形或椭圆形的蛋白核。细胞核 1 个。细胞外的胶被常极薄，需染色才能看得见。

（十六）小桩藻属 *Characium*（图 11-61 和图 11-62）

植物体为单细胞，单生或群生，有时密集成层，着生。细胞纺锤形、椭圆形、圆柱形、长圆形、卵形、长卵形或近球形等，前端钝圆或尖锐，或由顶端细胞壁延伸成为圆锥形或刺状突起；下端细胞壁延长成为柄，柄的基部常膨大为盘状或小球形的固着器。色素体周生、片状，1 个，具 1 个蛋白核，细胞幼时单核，随着细胞的成长，色素体分散，细胞核连续分裂成多数，蛋白核的数目也随着增加。此属藻类生活于各种类型的水体中，着生于丝状藻类、高等植物、甲壳动物等。

（十七）弓形藻属 *Schroederia*（图 11-63～图 11-66）

植物体为单细胞，浮游。细胞针形、长纺锤形、新月形、弧曲形或螺旋状、直或弯曲，细胞两端的细胞壁延伸成长刺，刺直或略弯，其末端均为尖形。色素体周生、片状，1 个，几乎充满整个细胞。常具 1 个蛋白核，有时 2～3 个。细胞核 1 个，老的细胞可为多个。

（十八）四棘藻属 *Treubaria*（图 11-67～图 11-71）

植物体为单细胞，浮游。细胞三角锥形、四角锥形、不规则的多角锥形、扁平三角形或四角形，角广圆，角间的细胞壁略凹入，各角的细胞壁突出为粗长刺。色素体杯状，1 个，具 1 个蛋白核，老细胞的色素体常多个，块状，充满整个细胞，每个色素体具 1 个蛋白核。

（十九）棘球藻属 *Echinosphaerella*（图 11-72）

植物体为单细胞，浮游。细胞球形，细胞壁表面有规则地分布着 17～20 条直的粗长刺，其基部锥状，顶端尖锐。细胞不包括刺直径 8～14μm，刺基部宽 3～5μm，前长 15～25μm。为湖泊、池塘中的浮游种类。

（二十）小球藻属 *Chlorella*（图 11-73～图 11-77）

植物体为单细胞，单生或多个细胞聚集成群，群体中的细胞大小很不一致，浮游。细胞球形或椭圆形。细胞壁薄或厚。色素体周生，杯状，1 个，具 1 个蛋白核或无。生殖时每个细胞产生 2 个、4 个、8 个、16 个或 32 个似亲孢子。

（二十一）小箍藻属 *Trochiscia*（图 11-78）

植物体为单细胞或彼此粘连成小丛，浮游或有时为半气生。细胞球形或近球形，细胞壁厚，具窝孔、小刺、网纹、颗粒、瘤、脊状突起等花纹。成熟细胞具 1 到数个盘状、板状的色素体，每个色素体具 1 个或多个蛋白核。无性生殖产生 4 个、8 个、16 个似亲孢子，孢子未释放前，其壁不具花纹。生长在池塘、湖泊、沟渠中，常与其他藻类混生，数量稀少。

（二十二）顶棘藻属 *Chodatella*（图 11-79～图 11-90）

植物体为单细胞，浮游。细胞椭圆形、卵形、柱状长圆形或扁球形。细胞壁薄，细胞的两端或两端和中部具有对称排列的长刺，刺的基部具或不具结节。色素体周生，片状或盘状，1 到数个，各具 1 个蛋白核或无。

（二十三）四角藻属 *Tetraedron*（图 11-91～图 11-108）

植物体为单细胞，浮游。细胞扁平或角锥形，具 3 个、4 个或 5 个角，角分叉或不分叉，角延长成突起或无，角或突起顶端的细胞壁常突出为刺。色素体周生，盘状或多角片状，1 个到多个，各具 1 个蛋白核或无。

（二十四）多突藻属 *Polyedriopsis*（图 11-109 和图 11-110）

植物体为单细胞，扁平或角锥形，具 4 个或 5 个角，角端钝圆，每个角的顶端具 3～10 条细长的刺毛。色素体周生、片状，老时呈块状，具 1 个蛋白核。细胞直径 15～25μm，刺毛长 17.5～40μm。为普遍分布的种类。

（二十五）拟新月藻属 *Closteriopsis*（图 11-111 和图 11-112）

植物体为单细胞。细胞长纺锤形或针形，或略弯，两端延伸成细长的尖端，细胞壁薄而平滑，无胶被。色素体固位，螺旋带状，不位于细胞的两端，具多个（14～16）蛋白核，排成一列。

（二十六）单针藻属 *Monoraphidium*（图 11-113～图 11-126）

植物体多为单细胞，无共同胶被，多浮游。细胞为或长或短的纺锤形，直或明显或轻微弯曲，成为弓状、近圆环状、S 形或螺旋形等，两端多渐尖细，或较宽圆。色素体片状，周位，多充满整个细胞，罕在中部留有 1 个小空隙；不具或罕具 1 个蛋白核。以产生 2 个、4 个、8 个或 16 个似亲孢子进行生殖。母细胞壁常在正中部位横裂，成为近三角形的两半，似亲孢子即由此逸出，或留存在内一段时间。细胞的形状、弯曲式样、大小及长度与宽度之比，种间变异很大。此属绝大多数种类是浮游的，生活在已被污染或严重污染的水体中。

（二十七）月牙藻属 *Selenastrum*（图 11-127～图 11-132）

植物体常由 4 个、8 个或 16 个细胞为一群，数个群彼此联合成可多达 128 个细胞以上的群体，无群体胶被，罕为单细胞的，浮游。细胞新月形或镰形，两端尖，同一母细胞产生的个体彼此以背部凸出的一侧相靠排列。色素体周生、片状，1 个，除细胞凹侧的小部分外，充满整个细胞，具 1 个蛋白核或无。无性生殖产生似亲孢子。为生长在湖泊、池塘、水库、沼泽中的浮游种类。

（二十八）纤维藻属 *Ankistrodesmus*（图 11-133～图 11-138）

植物体为单细胞，或 2 个、4 个、8 个、16 个或更多个细胞聚集成群，浮游，罕为附着在基质上。细胞呈纺锤形、针形、弓形、镰形或螺旋形等多种形状，直或弯曲，自中央向两端逐渐尖细，末端尖，罕为钝圆的。色素体周生、片状，1 个，占细胞的绝大部分，有时裂为数片，具 1 个蛋白核或无。

（二十九）蹄形藻属 *Kirchneriella*（图 11-139～图 11-144）

植物体为群体，常由 4 个或 8 个为一组，多数包被在胶质的群体胶被中，浮游。细胞新月形、半月形、蹄形、镰形或圆柱形，两端尖细或钝圆。色素体周生，片状，1 个，除细胞凹侧中部外充满整个细胞，具 1 个蛋白核。

（三十）并联藻属 *Quadrigula*（图 11-145～图 11-150）

植物体为群体，由 2 个、4 个、8 个或更多个细胞聚集在一个共同的透明胶被内，细胞常 4 个为一组，其长轴与群体长轴互相平行排列，细胞上下两端平齐或互相错开，浮游。细胞纺锤形、新月形、近圆柱形到长椭圆形，直或略弯曲，细胞长度为宽度的 5～20 倍，两端略尖细。色素体周生、片状，1 个，位于细胞的一侧或充满整个细胞，具 1 个或 2 个蛋白核或无。无性生殖通常产生 4 个似亲孢子，生殖时 4 个似亲孢子成一组，以其长轴与母细胞的长轴相平行。

（三十一）辐球藻属 *Radiococcus*（图 11-151 和图 11-152）

植物体为群体，浮游。群体中每 4 个或 8 个、16 个球形细胞一组，成角锥状排列在厚的胶被中。色素体杯状，周位：具1个蛋白核。生殖时产生4个似亲孢子；母细胞壁的碎片常残留在胶质中。

（三十二）浮球藻属 *Planktosphaeria*（图 11-153～图 11-156）

植物体为群体，浮游。细胞不规则地分布在均匀透明的胶被内，没有固定的群体形态。细胞球形，幼时具1个周生、杯状的色素体，成熟后分散为多角形或盘状的色素体；各具1个蛋白核。形成似亲孢子进行生殖。

（三十三）肾形藻属 *Nephrocytium*（图 11-157）

群体具2个、4个或8个细胞。细胞肾形，一侧略凹入，另一侧略凸出，两端钝圆。色素体片状，1个，随细胞的成长而分散充满整个细胞，具1个蛋白核。细胞长6～28μm，宽2～12μm。无性生殖产生似亲孢子。常生长于肥沃的湖泊沿岸带和池塘中。普遍分布。

（三十四）卵囊藻属 *Oocystis*（图 11-158～图 11-186）

植物体为单细胞或群体，群体常由2个、4个、8个或16个细胞组成，包被在部分胶化膨大的母细胞中。细胞椭圆形、卵形、纺锤形、长圆形或柱状长圆形等，细胞壁平滑，或在细胞两端呈短圆锥状的增厚，细胞壁扩大和胶化时，圆锥状增厚不胶化。色素体周生，片状、多角形块状、不规则盘状，1个或多个，每个色素体具1个蛋白核或无。

（三十五）网球藻属 *Dictyosphaerium*（图 11-187～图 11-192）

植物体为原始定型群体，2个、4个或8个细胞为一组，彼此分离，以母细胞壁分裂为4片所形成的胶质丝或胶质膜相连接，包被在透明的群体胶被内，浮游。细胞球形、椭圆形、卵形、肾形、长圆柱形或腊肠形等。色素体周生，杯状、片状，1个，具1个蛋白核。

（三十六）盘星藻属 *Pediastrum*（图 11-193～图 11-257）

植物体为真性定型群体，由4个、8个、16个、32个、64个或128个细胞排列成为一层细胞厚的扁平盘状、星状群体，群体无穿孔或具穿孔，浮游。群体边缘细胞常具 1 个、2 个或 4 个突起，有时突起上具长的胶质毛丛。群体边缘内的细胞多角形，细胞壁平滑，具颗粒、细网纹，幼细胞的色素体周生、圆盘状，1 个，具 1 个蛋白核，随细胞的成长色素体分散，具 1 个到多个蛋白核，成熟细胞具 1 个、2 个、4 个或 8 个细胞核。

（三十七）聚盘星藻属 *Soropediastrum*（图 11-258）

植物体浮游；由 8 个或 16 个细胞组成球形或卵形的真性集结体。细胞梯形或近卵状梯形，细胞间以其基部相连接。具 1 个杯状色素体；无蛋白核。生殖时产生动孢子。

（三十八）空星藻属 *Coelastrum*（图 11-259～图 11-264）

植物体为真性定型群体，由 4 个、8 个、16 个、32 个、64 个或 128 个细胞组成多孔的、中空的球体到多角形体，群体细胞以细胞壁或细胞壁上的凸起连接。细胞球形、圆锥形、近六角形或截顶的角锥形。细胞壁平滑、部分增厚或具管状凸起。色素体周生，幼时杯状，具 1 个蛋白核，成熟后扩散，几乎充满整个细胞。

（三十九）集星藻属 *Actinastrum*（图 11-265～图 11-270）

植物体为真性定型群体，由 4 个、8 个或 16 个细胞组成，无群体胶被，群体细胞以一端在群体中心彼此连接，以细胞长轴从群体中心向外放射状排列，浮游。细胞长纺锤形或长圆柱形，两端逐渐尖细或略狭窄，或一端平截、另一端逐渐尖细或略狭窄。色素体周生、长片状，1 个，具 1 个蛋白核。

（四十）四星藻属 *Tetrastrum*（图 11-271～图 11-278）

植物体为真性定型群体，由 4 个细胞组成四方形或十字形，并排列在一个平面上，中心具或不具 1 小间隙，各个细胞间以其细胞壁紧密相连，罕见形成复合的真性定型群体。细胞球形、卵形、三角形或近三角锥形，其外侧游离面凸出或略凹入。细胞壁具颗粒或具 1～7 条或长或短的刺。色素体周生，片状、盘状，1～4 个，具蛋白核或有时无。

（四十一）韦斯藻属 *Westella*（图 11-279 和图 11-280）

植物体为复合真性定型群体，各群体间以残存的母细胞壁相连，有时具胶被，群体由 4 个细胞以四方形排列在一个平面上，各个细胞间以其细胞壁紧密相连。细胞球形。细胞壁平滑。色素体周生、杯状，1 个，老细胞的色素体常略分散，具 1 个蛋白核。

（四十二）十字藻属 *Crucigenia*（图 11-281～图 11-294）

植物体为真性定型群体，由 4 个细胞排成椭圆形、卵形、方形或长方形，群体中央常具或大或小的方形空隙，常具不明显的群体胶被，子群体常为胶被粘连在一个平面上，形成板状的复合真性定型群体。细胞梯形、半圆形、椭圆形或三角形。色素体周生、片状，1 个，具 1 个蛋白核。

（四十三）双月藻属 *Dicloster*（图 11-295～图 11-298）

植物体浮游，为由 2 个细胞组成的集结体。细胞新月形，由凸侧中央部相互连接，两端渐尖，由细胞延伸成为中实的刺状部分。色素体单一，周生，初为片状，在细胞凸侧中部常凹入，继后，或多或少分散而充满整个细胞；具 2 个蛋白核；细胞核单一，位于色素体凹入部中。生殖时产生似亲孢子，产生方式为同时分裂，每一孢子母细胞多形成 4 个，或有时形成 2 个或 8 个似亲孢子，每 2 个孢子相连以形成子集结体，经由母细胞壁破裂后释出。

（四十四）栅藻属 *Scenedesmus*（图 11-299～图 11-348）

植物体为真性定型群体，常由 4 个、8 个细胞或有时由 2 个、16 个或 32 个细胞组成，极少为单个细胞的，群体中的各细胞以其长轴相互平行，其细胞壁彼此连接排列在一个平面上，相互平齐或相互交错，也有的排成上下两列或多列，罕见仅以其末端相接呈屈曲状。细胞椭圆形、卵形、弓形、新月形、纺锤形或长圆形等。细胞壁平滑，或具颗粒、刺、细齿、齿状凸起、隆起线或帽状增厚等构造。色素体周生、片状，1 个，具 1 个蛋白核。

（四十五）丝藻属 *Ulothrix*（图 11-349 和图 11-350）

丝状体由单列细胞构成，长度不等，幼丝体由基细胞固着在基质上，基细胞简单或略分叉成假根状。细胞圆柱状，有时略膨大，一般长大于宽，有时有横壁收缢。细胞壁一般为薄壁，有时为厚壁或略分层；少数种类具胶鞘。色素体 1 个，侧位或周位，部分或整个围绕细胞内壁，充满或不充满整个细胞，含 1 个或更多的蛋白核。

（四十六）尾丝藻属 *Uronema*（图 11-351）

丝状体由单列细胞构成，直或略弯曲。基细胞多向下渐窄，末端具有盘状或其他形态的固着器，含有或不含色素体。顶端细胞常向前渐窄或渐尖细，弯曲或不弯曲，但不成为无色的多细胞毛。细胞圆柱状，宽与长的比值有很大变异，有时有横壁收缢。色素体 1 个，侧位，带状，有的是空心筒状，充满或不充满整个细胞，含 1～3 个或更多的蛋白核。

（四十七）克里藻属 *Klebsormidium*（图 11-352）

植物体为单列细胞组成的不分枝的丝状体，无特殊的基细胞和顶端细胞。细胞固状，细胞壁薄，黏滑，但不胶质化。色素体较小，侧位，片状或盘状，围绕细胞周壁的一半或小于一半，具 1 个蛋白核。主要以丝状体断裂进行繁殖，也可以形成厚壁孢子或静孢子，很少产生双鞭毛的动孢子。多数种类亚气生，生长在潮湿土壤上，少数种类水生。

（四十八）双胞藻属 *Geminella*（图 11-353 和图 11-354）

植物体为单列细胞的丝状体，大多自由漂浮，罕着生。丝状体具不同厚薄、透明、同质的胶鞘。细胞圆柱形、椭圆形或长圆形，两端钝圆。组成丝状体的细胞很少彼此连接，常被胶质所分隔，或单个细胞分离，或两个靠近的细胞成为一组而以组分隔。细胞通常长大于宽，少数种类为横向的椭圆形。色素体侧位、片状，占细胞周壁的部分或充满整个细胞。具或不具蛋白核。营养繁殖借丝状体的断裂，无性生殖形成双鞭毛的动孢子，仅在少数种类中发现，也有静孢子和厚壁孢子，未见有性生殖。生于水池、水沟、水库等处。

（四十九）微孢藻属 *Microspora*（图 11-355 和图 11-356）

植物体为由一列细胞构成的丝状体。细胞圆柱状，有时略膨大，或呈桶形。细胞壁是由两个相邻细胞共有紧贴的横壁，同时各向一方伸出各自的半个细胞的壁以构成镜面观上的一个 "H" 片状的构造；有些种类的 "H" 片状构造较难显示；"H" 片状构造或是简单同质，或是在横壁及纵壁上均有分层。色素体周位、片状，有时有穿孔或网状，有的由许多不规则的串珠状部分构成，无蛋白核，但有淀粉颗粒。

（五十）毛枝藻属 *Stigeoclonium*（图 11-357）

植物体为由一列细胞组成的分枝丝状体，着生，有的具胶质，由匍匐部分和直立部分组成，有的种类直立枝发达，有的种类直立枝发育不全，匍匐枝极丰富；主轴与分枝无明显分化，其宽度相差不大，直立枝常形成互生或对生的分枝，分枝上的小枝常分散而不呈丛状，顶端渐细，形成多细胞的无色的毛。细胞圆柱形、腰鼓形，每个细胞具 1 个周生、带状色素体，具 1 个或数个蛋白核，色素体或充满整个细胞内腔，或仅占细胞内腔的一部分。

（五十一）中带鼓藻属 *Mesotaenium*（图 11-358）

植物体为单细胞。细胞圆柱形或近圆柱形，多数直，少数略弯，逐渐向两端变狭，两端钝圆，少数近平直。细胞壁平滑，无色。每个细胞通常具有 1 个色素体，有时 2 个，轴生、片状，每个色素体具 1 个或数个蛋白核。细胞内常含有油滴，少数种类由于细胞液中含有藻紫素而呈紫色或紫罗兰色。细胞核位于细胞中部的一侧。常见的营养繁殖为细胞分裂，无性生殖产生球形的静孢子。有性生殖形成接合孢子，球形或四角形。多数种类气生或亚气生，有的种类生长在冰雪中，使雪冰着色。

（五十二）转板藻属 *Mougeotia*（图 11-359～图 11-362）

藻丝不分枝，有时产生假根。营养细胞圆柱形，其长度比宽度通常大 4 倍以上。细胞横壁平直。色素体轴生、板状，1 个，极少数 2 个，具多个蛋白核，排列成一行或散生。细胞核位于色素体中间的一侧。

（五十三）水绵属 *Spirogyra*（图 11-363～图 11-366）

植物体为长而不分枝的丝状体，偶尔产生假根状分枝。营养细胞圆柱形，细胞横壁有平直型、折叠型、半折叠型、束合型等 4 种类型。色素体 1～16 条，周生，带状，沿细胞壁作螺旋盘绕，每条色素体具 1 列蛋白核。接合生殖为梯形和侧面结合，具接合管。接合孢子形态多样。孢壁常为 3 层，少数为 2 层、4 层、5 层；中孢壁平滑或具一定类型花纹，成熟后为黄褐色。

（五十四）棒形鼓藻属 *Gonatozygon*（图 11-367）

　　植物体为单细胞，有时彼此连成暂时性的单列丝状体，常在接合生殖前或轻微扰动时断裂成单个细胞。细胞长圆柱形、近狭纺锤形或棒形，长为宽的 8～20 倍，少数达 40 倍，两端平直，有时略膨大或近头状。细胞壁平滑、具颗粒或小刺。色素体轴带状，较狭，具 2 个色素体的从细胞的一端伸展到细胞的中部，少数具 1 个色素体的从细胞的一端伸展到另一端，其中轴具一列 4～16 个约成等距离排列的蛋白核。细胞核位于两色素体之间、细胞的中央，具 1 个色素体的位于细胞中央的一侧。营养繁殖为细胞横分裂形成子细胞。有性生殖为接合生殖，形成接合管。接合孢子球形，壁平滑。一般为浮游种类，有时细胞端的胶质盘固着或附着在水生沉水植物上。

（五十五）柱形鼓藻属 *Penium*（图 11-368）

　　植物体为单细胞。细胞圆柱形、近圆柱形、椭圆形或纺锤形，长为宽的数倍，中部略收缢或不收缢；细胞中部两侧近平行，向顶部逐渐狭窄，顶端圆、截圆形或平截；垂直面观圆形。细胞壁平滑，具线纹、小孔纹或颗粒，纵向或螺旋状排列，无色或黄褐色。每个半细胞具 1 个轴生的色素体，由数个辐射状纵长脊片组成，绝大多数种类每个色素体具 1 个球形到杆形的蛋白核，但常可断裂成许多小球形到不规则形的蛋白核，少数种类具中轴 1 列蛋白核，个别种类半细胞具 1 个周生、带状的色素体。少数种类细胞两端各具 1 个液泡，内含数个石膏结晶的运动颗粒。细胞核位于两色素体之间细胞的中部。营养繁殖：为细胞分裂，每分裂一次，新形成的半细胞和母细胞中的半细胞间的细胞壁上常留下横线纹的缝线，其数目表示细胞分裂的次数，此属的有些种类在细胞壁上具中间环带，但不作为分类依据。有性生殖形成 1 个或 2 个接合孢子，呈球形、近方圆形或近长方形。常生长在偏酸性水体中，散生在其他鼓藻类中。

（五十六）宽带鼓藻属 *Pleurotaenium*（图 11-369 和图 11-370）

　　植物体为单细胞，多数大型或中等大小，长圆柱形，长为宽的 4～35 倍，中部略收缢，在两个半细胞的连接处通常有一轮明显的细胞壁增厚，称为缝线；半细胞基部通常膨大，侧缘平直或波状，具瘤或小节结，两侧近平行或向顶部逐渐狭窄，顶端平截或截圆形，平滑或具 1 轮乳头状或齿状小瘤、小节结；垂直面观圆形或多角形。细胞壁极少数平滑，通常具点纹、小圆孔纹，有时具颗粒或乳头状突起。绝大多数种类的色素体为周生，呈许多不规则纵长带状，具数个蛋白核，有时断裂成菱形或披针形，每个色素体具 1 个蛋白核，少数种类的色素体轴生，带状，具数个纵列的蛋白核，顶部有时存在液泡，含有一些运动颗粒。有性生殖为接合生殖，接合孢子球形。此属中的绝大多数种类为浮游种类，混杂存在于其他鼓藻类中。

（五十七）新月藻属 *Closterium*（图 11-371～图 11-396）

植物体为单细胞，新月形，略弯曲或显著弯曲，少数平直，中部不凹入，腹部中间不膨大或膨大，顶部钝圆、平直圆形、喙状或逐渐尖细；横断面圆形。细胞壁平滑，具纵向的线纹、肋纹或纵向的颗粒，无色或因铁盐沉淀而呈淡褐色或褐色；每个半细胞具 1 个色素体，由 1 个或数个纵向脊片组成，蛋白核多数，纵向排成一列或不规则散生。细胞两端各具 1 个液泡，内含 1 个或多个结晶状体的运动颗粒。细胞核位于两色素体之间细胞的中部。

（五十八）角星鼓藻属 *Staurastrum*（图 11-397）

植物体为单细胞，一般长略大于宽（不包括刺或突起），绝大多数种类辐射对称，少数种类两侧对称及细胞侧扁，中间的收缢部分使细胞呈两个半细胞，多数缢缝深凹，从内向外张开成锐角，有的为狭线形；半细胞正面观半圆形、近圆形、椭圆形、圆柱形、近三角形、四角形、梯形、碗形、杯形或楔形等，许多种类半细胞顶角或侧角向水平略向上或向下延长形成长度不等的突起，边缘一般波形，具数轮齿，其顶端平或具 2 个到多个刺；垂直面观多数三角形到五角形，少数圆形、椭圆形、六角形或多达十一角形。细胞壁平滑，具点纹、圆孔纹、颗粒及各种类型的刺和瘤。半细胞一般具 1 个轴生的色素体，中央具 1 个蛋白核，大的细胞具数个蛋白核，少数种类的色素体周生，具数个蛋白核。

（五十九）叉星鼓藻属 *Staurodesmus*（图 11-398）

植物体为单细胞，一般长略大于宽（不包括刺或突起），绝大多数种类辐射对称，少数种类两侧对称及细胞侧扁，多数缢缝深凹，从内向外张开成锐角；半细胞正面观半圆形、近圆形、椭圆形、圆柱形、近三角形、四角形、梯形、碗形、杯形、楔形等，半细胞顶角或侧角尖圆、广圆、圆形或向水平向、略向上或向下形成齿或刺；垂直面观多数三角形到五角形，少数圆形、椭圆形，角顶具齿或刺；细胞壁平滑或具穿孔纹；半细胞一般具 1 个轴生的色素体，具 1 到数个蛋白核，少数种类色素体周生，具数个蛋白核。

（六十）凹顶鼓藻属 *Euastrum*（图 11-399 和图 11-400）

植物体为单细胞，细胞大小变化大，多数中等大小或小型，长为宽的 1.5～2 倍，长方形、方形、椭圆形或卵圆形等，扁平，缢缝常深凹入，呈狭线形，少数向外张开；半细胞常呈截顶的角锥形或狭卵形，顶部中间浅凹入、"V"字形凹陷或垂直向深凹陷，很少种类顶部平直，半细胞近基部的中央通常膨大，平滑或具由颗粒或瘤组成的隆起，半细胞通常分成 3 叶，1 个顶叶和 2 个侧叶，有的种类侧叶中央凹入再分成 2 个小叶，有的种类顶叶和侧叶的中央具颗粒、圆孔纹或瘤，半细胞中部具或不具胶质孔或小孔；半细胞侧面观常为卵形、截顶的角锥形，少数椭圆形或近长方形，侧缘近基部常膨大；垂直面观常为椭圆形。细胞壁极少数平滑，通常具点纹、颗粒、圆孔纹、齿、刺或乳头状突起。绝大多数种类的色素体轴生，常具 1 个蛋白核，少数大的种类具 2 个或多个蛋白核。

（六十一）鼓藻属 *Cosmarium*（图 11-401～图 11-460）

植物体为单细胞，细胞大小变化很大，侧扁，缢缝常深凹入，狭线形或张开；半细胞正面观近圆形、半圆形、椭圆形、卵形、梯形、长方形、方形或截顶角锥形等，顶缘圆、平直或平直圆形，半细胞边缘平滑或具波形、颗粒、齿，半细胞中部有或无膨大或拱形隆起；半细胞侧面观绝大多数呈椭圆形或卵形；垂直面观椭圆形或卵形。细胞壁平滑，具点纹、圆孔纹、小孔、齿、瘤或由一定方式排列的颗粒、乳头状突起等。色素体轴生或周生，每个半细胞具 1 个、2 个或 4 个，极少数具 8 个，每个色素体具 1 个或数个蛋白核，有的种类具周生的带状色素体 6～8 条，每条色素体具数个蛋白核。细胞核位于两个半细胞之间的缢部。

图 11-1　衣藻属
Chlamydomonas sp.

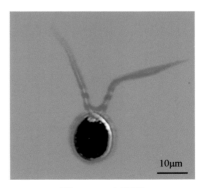

图 11-2　衣藻属
Chlamydomonas sp.

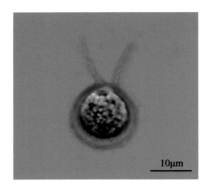

图 11-3　衣藻属
Chlamydomonas sp.

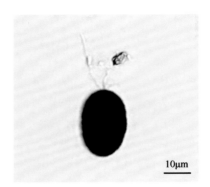

图 11-4　衣藻属
Chlamydomonas sp.

图 11-5　衣藻属
Chlamydomonas sp.

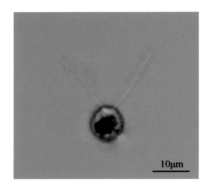

图 11-6　衣藻属
Chlamydomonas sp.

图 11-7　衣藻属
Chlamydomonas sp.

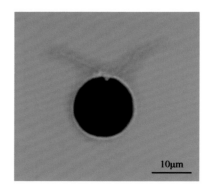

图 11-8　衣藻属
Chlamydomonas sp.

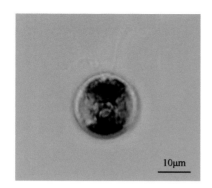

图 11-9 衣藻属
Chlamydomonas sp.

图 11-10 衣藻属
Chlamydomonas sp.

图 11-11 衣藻属
Chlamydomonas sp.

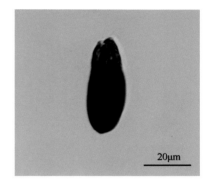

图 11-12 衣藻属
Chlamydomonas sp.

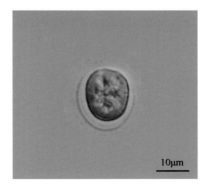

图 11-13 衣藻属
Chlamydomonas sp.

图 11-14 衣藻属
Chlamydomonas sp.

20μm

图 11-15　华美绿梭藻
Chlorogonium elegans

20μm

图 11-16　华美绿梭藻
Chlorogonium elegans

10μm

图 11-17　绿梭藻属
Chlorogonium sp.

10μm

图 11-18　四鞭藻属
Carteria sp.

10μm

图 11-19　球粒藻
Coccomonas orbicularis

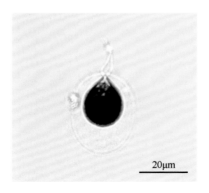

20μm

图 11-20　球粒藻
Coccomonas orbicularis

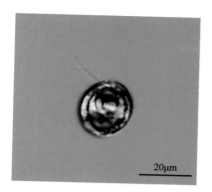

图 11-21　透镜壳衣藻

Phacotus lenticularis

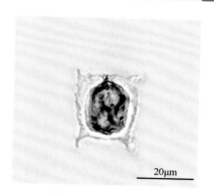

图 11-22　尖角翼膜藻

Pteromonas aculeata

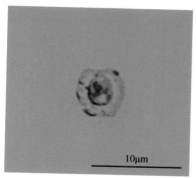

图 11-23　尖角翼膜藻奇形变种

Pteromonas aculeata var. *mirifica*

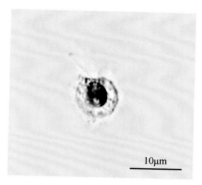

图 11-24　具角翼膜藻竹田变种

Pteromonas angulosa var. *takedana*

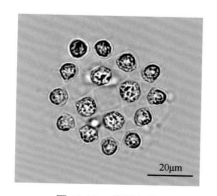

图 11-25　美丽盘藻

Gonium formosum

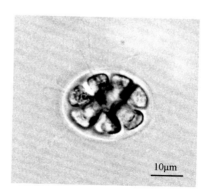

图 11-26　实球藻

Pandorina morum

图 11-27　实球藻
Pandorina morum

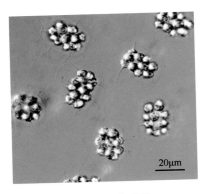

图 11-28　实球藻
Pandorina morum

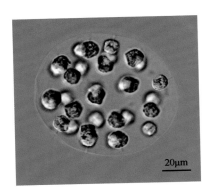

图 11-29　空球藻
Eudorina elegans

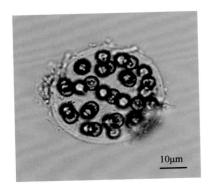

图 11-30　空球藻
Eudorina elegans

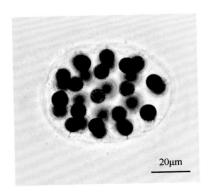

图 11-31　空球藻
Eudorina elegans

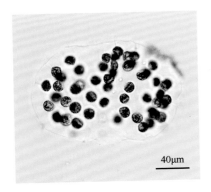

图 11-32　空球藻
Eudorina elegans

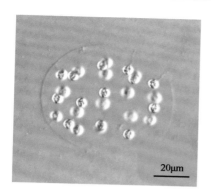

图 11-33　空球藻

Eudorina elegans

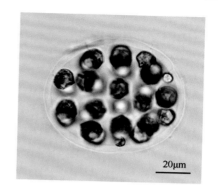

图 11-34　空球藻

Eudorina elegans

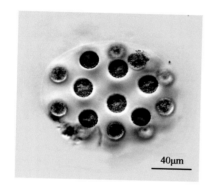

图 11-35　空球藻

Eudorina elegans

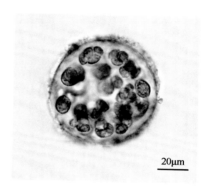

图 11-36　空球藻

Eudorina elegans

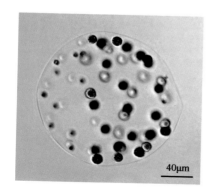

图 11-37　杂球藻

Pleodorina californica

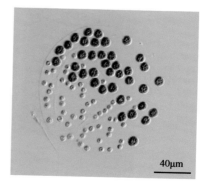

图 11-38　杂球藻

Pleodorina californica

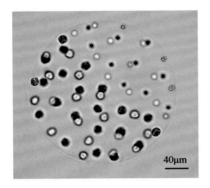

图 11-39　杂球藻

Pleodorina californica

图 11-40　杂球藻

Pleodorina californica

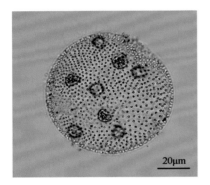

图 11-41　非洲团藻

Volvox africanus

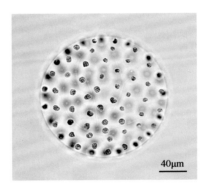

图 11-42　美丽团藻

Volvox aureus

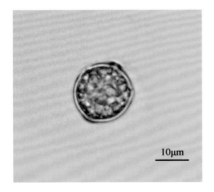

图 11-43　水溪绿球藻

Chlorococcum infusionum

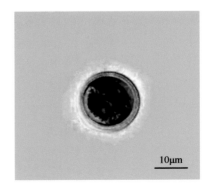

图 11-44　水溪绿球藻

Chlorococcum infusionum

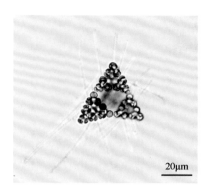

图 11-45 博恩微芒藻
Micractinium bornhemiensis

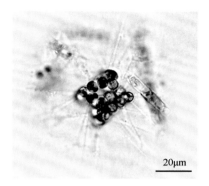

图 11-46 微芒藻
Micractinium pusillum

图 11-47 微芒藻
Micractinium pusillum

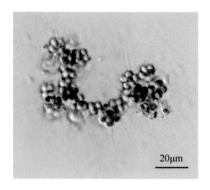

图 11-48 微芒藻
Micractinium pusillum

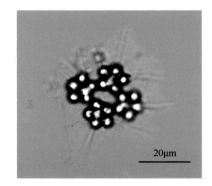

图 11-49 微芒藻
Micractinium pusillum

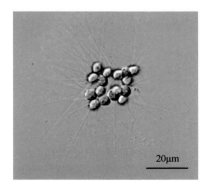

图 11-50 微芒藻
Micractinium pusillum

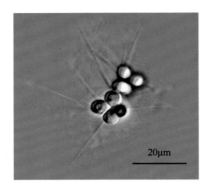

图 11-51　微芒藻

Micractinium pusillum

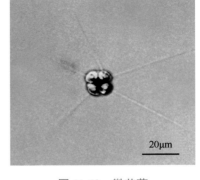

图 11-52　微芒藻

Micractinium pusillum

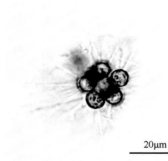

图 11-53　微芒藻

Micractinium pusillum

图 11-54　微芒藻

Micractinium pusillum

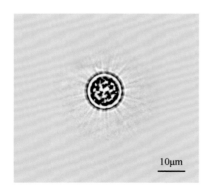

图 11-55　疏刺多芒藻

Golenkinia paucispina

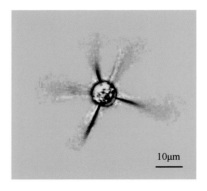

图 11-56　微细拟多芒藻

Golenkiniopsis parvula

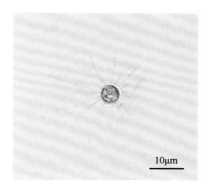

图 11-57　拟多芒藻

Golenkiniopsis solitaria

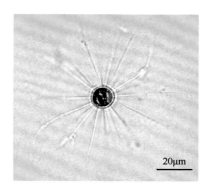

图 11-58　拟多芒藻

Golenkiniopsis solitaria

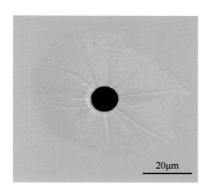

图 11-59　拟多芒藻

Golenkiniopsis solitaria

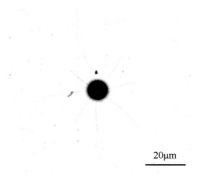

图 11-60　拟多芒藻

Golenkiniopsis solitaria

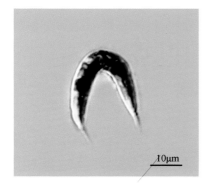

图 11-61　湖生小桩藻

Characium limneticum

图 11-62　湖生小桩藻

Characium limneticum

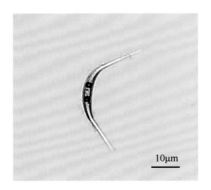

图 11-63　硬弓形藻
Schroederia robusta

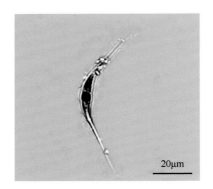

图 11-64　硬弓形藻
Schroederia robusta

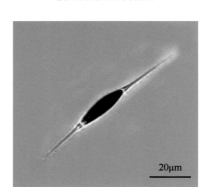

图 11-65　弓形藻
Schroederia setigera

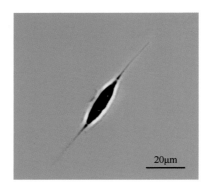

图 11-66　弓形藻
Schroederia setigera

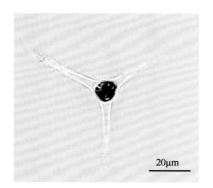

图 11-67　粗刺四棘藻
Treubaria crassispina

图 11-68　粗刺四棘藻
Treubaria crassispina

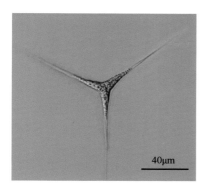

图 11-69 四棘藻
Treubaria triappendiculata

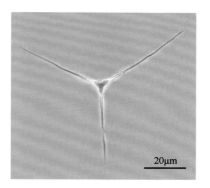

图 11-70 四棘藻
Treubaria triappendiculata

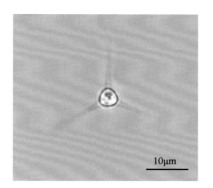

图 11-71 四棘藻属
Treubaria sp.

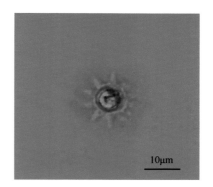

图 11-72 棘球藻
Echinosphaerella limnetica

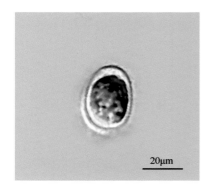

图 11-73 椭圆小球藻
Chlorella ellipsoidea

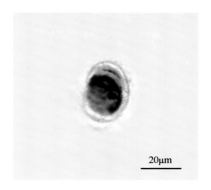

图 11-74 椭圆小球藻
Chlorella ellipsoidea

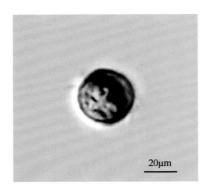

图 11-75　小球藻
Chlorella vulgaris

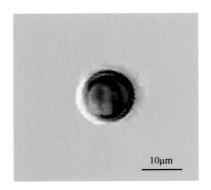

图 11-76　小球藻
Chlorella vulgaris

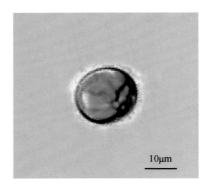

图 11-77　小球藻
Chlorella vulgaris

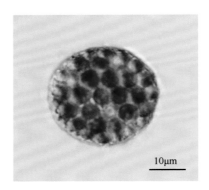

图 11-78　网纹小箍藻
Trochiscia reticularis

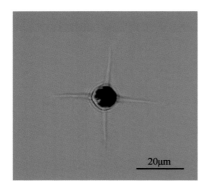

图 11-79　柯氏顶棘藻
Chodatella chodatii

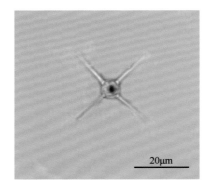

图 11-80　柯氏顶棘藻
Chodatella chodatii

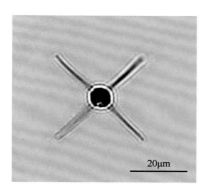

图 11-81 柯氏顶棘藻

Chodatella chodatii

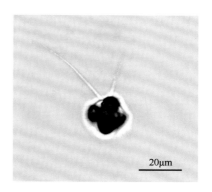

图 11-82 柠檬形顶棘藻

Chodatella citriformis

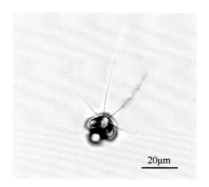

图 11-83 柠檬形顶棘藻

Chodatella citriformis

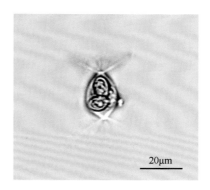

图 11-84 柠檬形顶棘藻

Chodatella citriformis

图 11-85 日内瓦顶棘藻

Chodatella genevensis

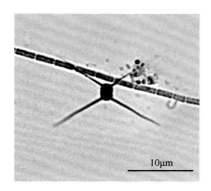

图 11-86 日内瓦顶棘藻

Chodatella genevensis

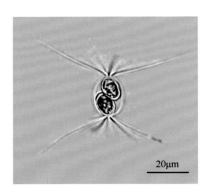

图 11-87　长刺顶棘藻

Chodatella longiseta

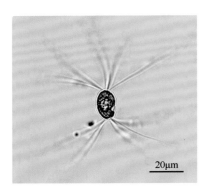

图 11-88　长刺顶棘藻

Chodatella longiseta

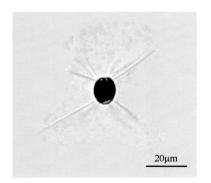

图 11-89　顶棘藻属

Chodatella sp.

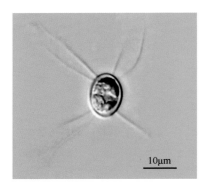

图 11-90　顶棘藻属

Chodatella sp.

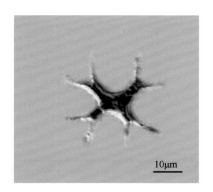

图 11-91　二叉四角藻

Tetraedron bifurcatum

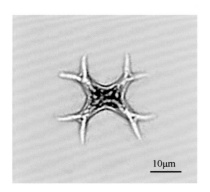

图 11-92　二叉四角藻

Tetraedron bifurcatum

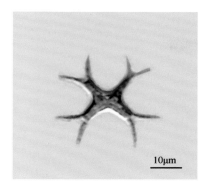

图 11-93　二叉四角藻

Tetraedron bifurcatum

图 11-94　具尾四角藻

Tetraedron caudatum

图 11-95　戟形四角藻

Tetraedron hastatum

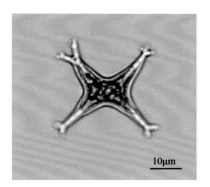

图 11-96　戟形四角藻

Tetraedron hastatum

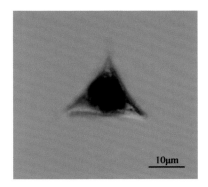

图 11-97　三角四角藻纤细变种

Tetraedron trigonum var. *gracile*

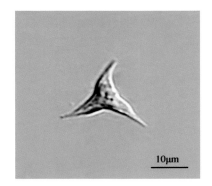

图 11-98　三角四角藻纤细变种

Tetraedron trigonum var. *gracile*

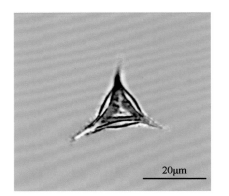

图 11-99　四角藻属

Tetraedron sp.

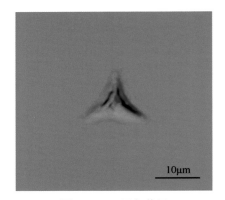

图 11-100　四角藻属

Tetraedron sp.

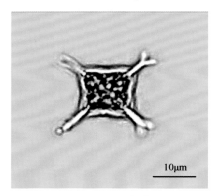

图 11-101　四角藻属

Tetraedron sp.

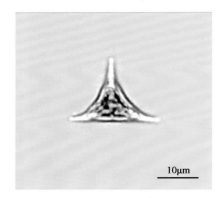

图 11-102　四角藻属

Tetraedron sp.

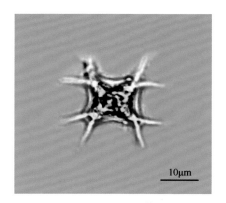

图 11-103　四角藻属

Tetraedron sp.

图 11-104　四角藻属

Tetraedron sp.

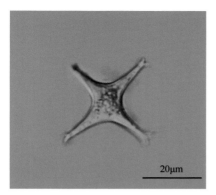

图 11-105　四角藻属

Tetraedron sp.

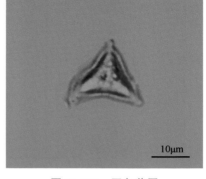

图 11-106　四角藻属

Tetraedron sp.

图 11-107　四角藻属

Tetraedron sp.

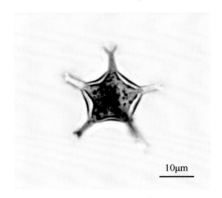

图 11-108　四角藻属

Tetraedron sp.

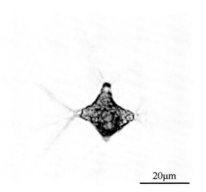

图 11-109　多突藻

Polyedriopsis spinulosa

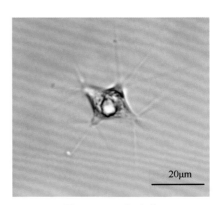

图 11-110　多突藻

Polyedriopsis spinulosa

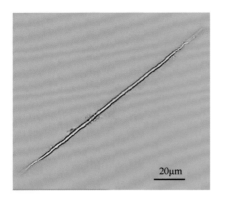

图 11-111　拟新月藻

Closteriopsis longissima

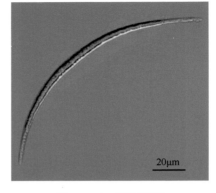

图 11-112　拟新月藻

Closteriopsis longissima

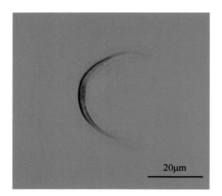

图 11-113　弓形单针藻

Monoraphidium arcuatum

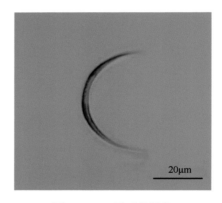

图 11-114　弓形单针藻

Monoraphidium arcuatum

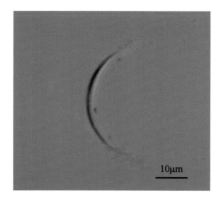

图 11-115　加勒比单针藻

Monoraphidium caribeum

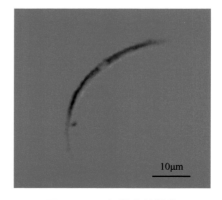

图 11-116　加勒比单针藻

Monoraphidium caribeum

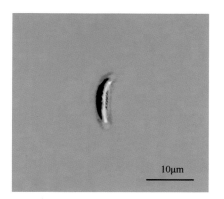

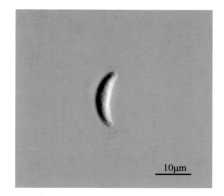

图 11-117 戴伯单针藻
Monoraphidium dybowskii

图 11-118 戴伯单针藻
Monoraphidium dybowskii

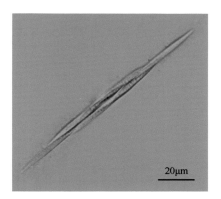

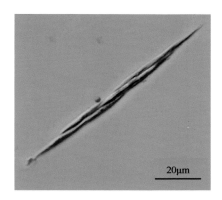

图 11-119 格里佛单针藻
Monoraphidium griffithii

图 11-120 格里佛单针藻
Monoraphidium griffithii

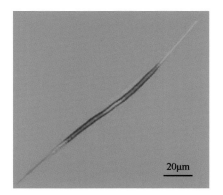

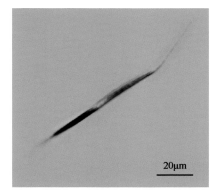

图 11-121 科马克单针藻
Monoraphidium komarkovae

图 11-122 科马克单针藻
Monoraphidium komarkovae

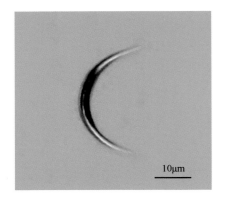

图 11-123　单针藻属
Monoraphidium sp.

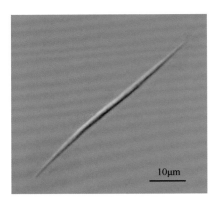

图 11-124　单针藻属
Monoraphidium sp.

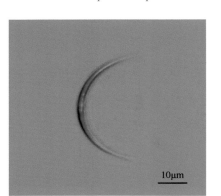

图 11-125　单针藻属
Monoraphidium sp.

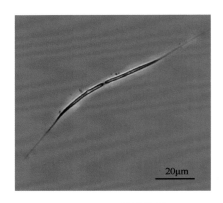

图 11-126　单针藻属
Monoraphidium sp.

图 11-127　月牙藻
Selenastrum bibraianum

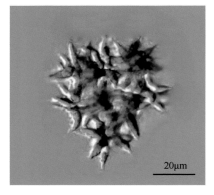

图 11-128　月牙藻
Selenastrum bibraianum

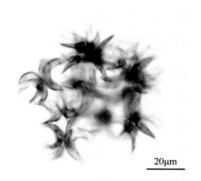

图 11-129　月牙藻
Selenastrum bibraianum

图 11-130　月牙藻
Selenastrum bibraianum

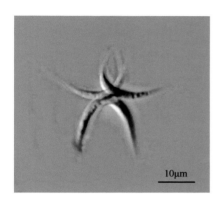

图 11-131　月牙藻属
Selenastrum sp.

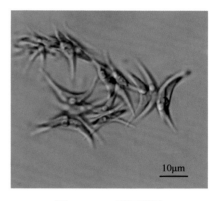

图 11-132　月牙藻属
Selenastrum sp.

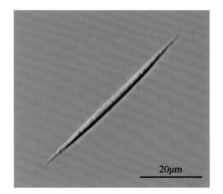

图 11-133　针形纤维藻
Ankistrodesmus acicularis

图 11-134　针形纤维藻
Ankistrodesmus acicularis

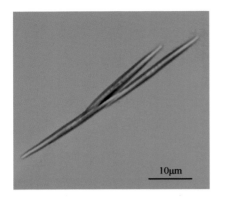

图 11-135　针形纤维藻
Ankistrodesmus acicularis

图 11-136　螺旋纤维藻
Ankistrodesmus spiralis

图 11-137　纤维藻属
Ankistrodesmus sp.

图 11-138　纤维藻属
Ankistrodesmus sp.

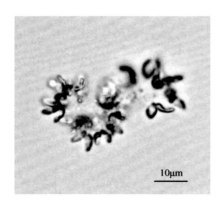

图 11-139　扭曲蹄形藻
Kirchneriella contorta

图 11-140　蹄形藻
Kirchneriella lunaris

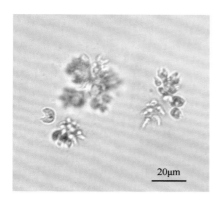

图 11-141　蹄形藻
Kirchneriella lunaris

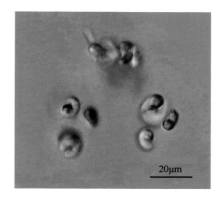

图 11-142　肥壮蹄形藻
Kirchneriella obesa

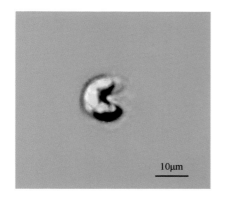

图 11-143　蹄形藻属
Kirchneriella sp.

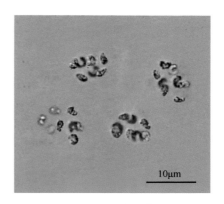

图 11-144　蹄形藻属
Kirchneriella sp.

图 11-145　湖生并联藻
Quadrigula lacustris

图 11-146　湖生并联藻
Quadrigula lacustris

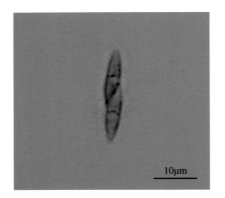

图 11-147 湖生并联藻

Quadrigula lacustris

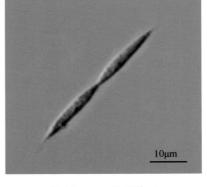

图 11-148 并联藻属

Quadrigula sp.

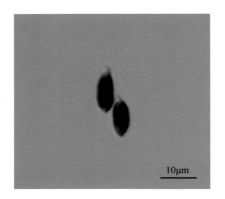

图 11-149 并联藻属

Quadrigula sp.

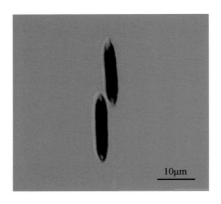

图 11-150 并联藻属

Quadrigula sp.

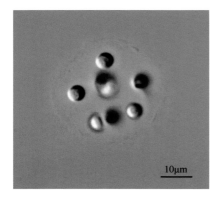

图 11-151 浮游辐球藻

Radiococcus planktonicus

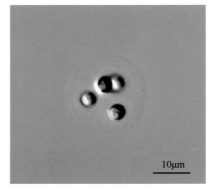

图 11-152 浮游辐球藻

Radiococcus planktonicus

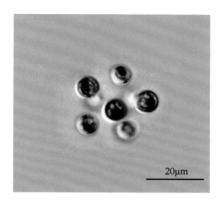

图 11-153 胶状浮球藻

Planktosphaeria gelatinosa

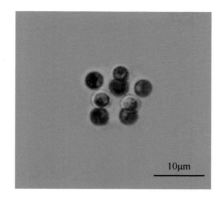

图 11-154 胶状浮球藻

Planktosphaeria gelatinosa

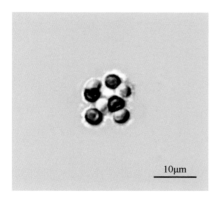

图 11-155 浮球藻属

Planktosphaeria sp.

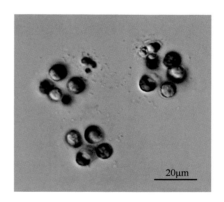

图 11-156 浮球藻属

Planktosphaeria sp.

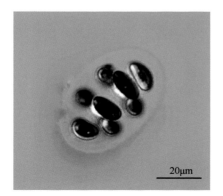

图 11-157 肾形藻

Nephrocytium agardhianum

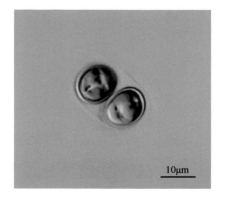

图 11-158 波吉卵囊藻

Oocystis borgei

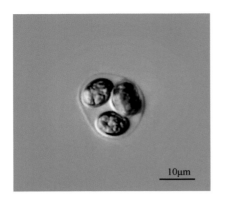

图 11-159　波吉卵囊藻
Oocystis borgei

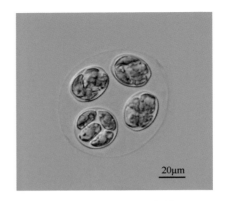

图 11-160　波吉卵囊藻
Oocystis borgei

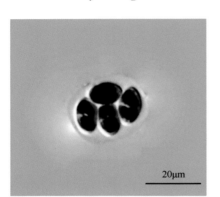

图 11-161　湖生卵囊藻
Oocystis lacustris

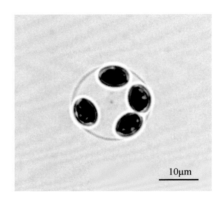

图 11-162　细小卵囊藻
Oocystis pusilla

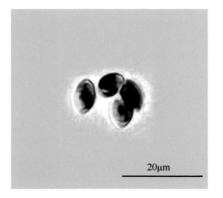

图 11-163　菱形卵囊藻
Oocystis rhomboidea

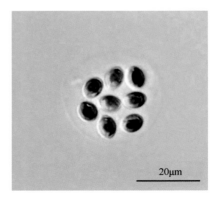

图 11-164　菱形卵囊藻
Oocystis rhomboidea

10μm

图 11-165 单生卵囊藻
Oocystis solitaria

10μm

图 11-166 单生卵囊藻
Oocystis solitaria

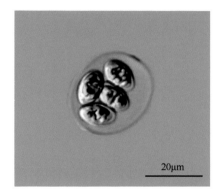

20μm

图 11-167 水生卵囊藻
Oocystis submarina

10μm

图 11-168 水生卵囊藻
Oocystis submarina

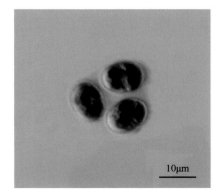

10μm

图 11-169 卵囊藻属
Oocystis sp.

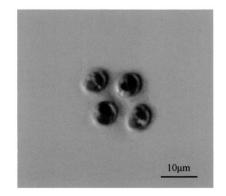

10μm

图 11-170 卵囊藻属
Oocystis sp.

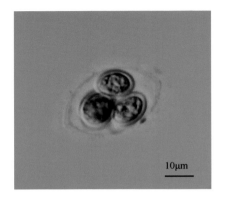

图 11-171　卵囊藻属

Oocystis sp.

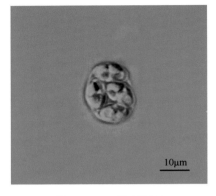

图 11-172　卵囊藻属

Oocystis sp.

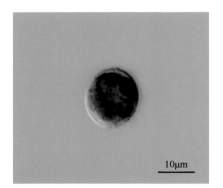

图 11-173　卵囊藻属

Oocystis sp.

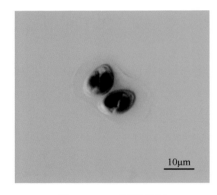

图 11-174　卵囊藻属

Oocystis sp.

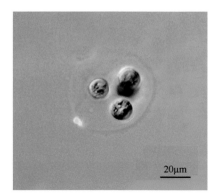

图 11-175　卵囊藻属

Oocystis sp.

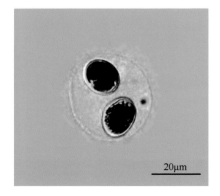

图 11-176　卵囊藻属

Oocystis sp.

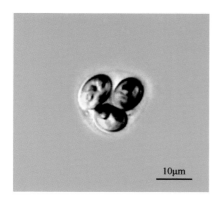

图 11-177　卵囊藻属
Oocystis sp.

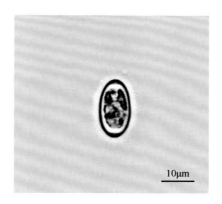

图 11-178　卵囊藻属
Oocystis sp.

图 11-179　卵囊藻属
Oocystis sp.

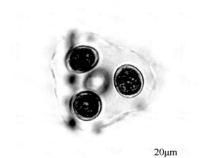

图 11-180　卵囊藻属
Oocystis sp.

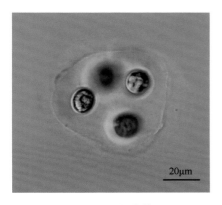

图 11-181　卵囊藻属
Oocystis sp.

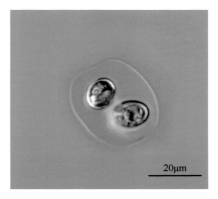

图 11-182　卵囊藻属
Oocystis sp.

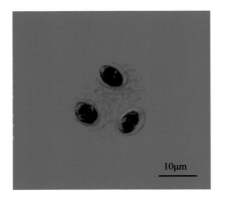

图 11-183　卵囊藻属

Oocystis sp.

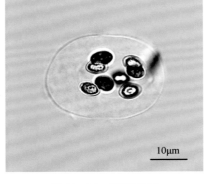

图 11-184　卵囊藻属

Oocystis sp.

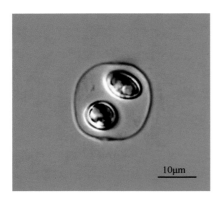

图 11-185　卵囊藻属

Oocystis sp.

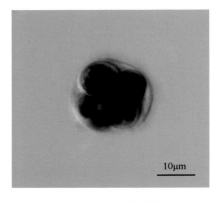

图 11-186　卵囊藻属

Oocystis sp.

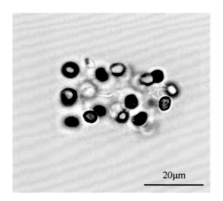

图 11-187　网球藻

Dictyosphaerium ehrenbergianum

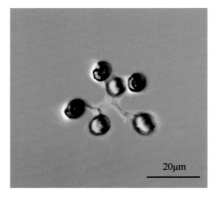

图 11-188　网球藻

Dictyosphaerium ehrenbergianum

10μm

图 11-189 网球藻

Dictyosphaerium ehrenbergianum

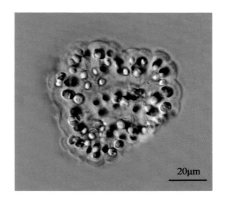

20μm

图 11-190 美丽网球藻

Dictyosphaerium pulchellum

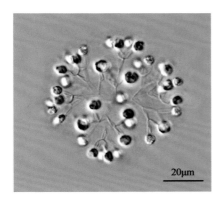

20μm

图 11-191 美丽网球藻

Dictyosphaerium pulchellum

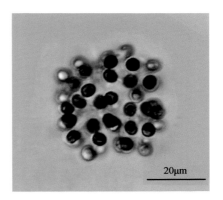

20μm

图 11-192 美丽网球藻

Dictyosphaerium pulchellum

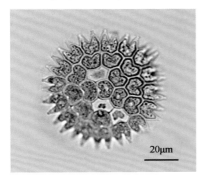

20μm

图 11-193 短棘盘星藻

Pediastrum boryanum

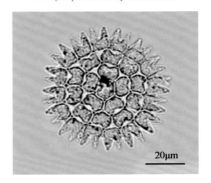

20μm

图 11-194 短棘盘星藻

Pediastrum boryanum

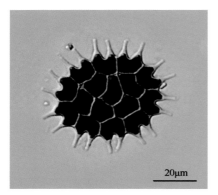

图 11-195　短棘盘星藻长角变种
Pediastrum boryanum var. *longicorne*

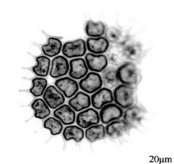

图 11-196　短棘盘星藻长角变种
Pediastrum boryanum var. *longicorne*

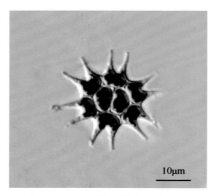

图 11-197　短棘盘星藻长角变种
Pediastrum boryanum var. *longicorne*

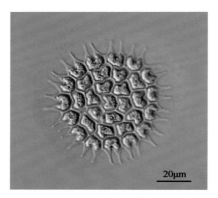

图 11-198　短棘盘星藻长角变种
Pediastrum boryanum var. *longicorne*

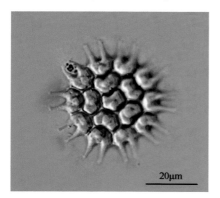

图 11-199　短棘盘星藻长角变种
Pediastrum boryanum var. *longicorne*

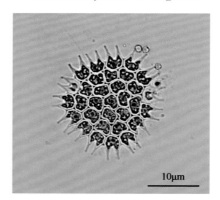

图 11-200　短棘盘星藻长角变种
Pediastrum boryanum var. *longicorne*

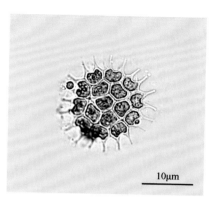

图 11-201　短棘盘星藻长角变种
Pediastrum boryanum var. *longicorne*

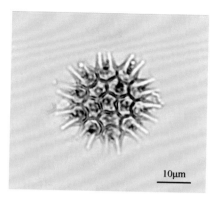

图 11-202　短棘盘星藻长角变种
Pediastrum boryanum var. *longicorne*

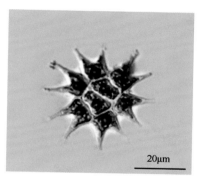

图 11-203　短棘盘星藻长角变种
Pediastrum boryanum var. *longicorne*

图 11-204　二角盘星藻
Pediastrum duplex

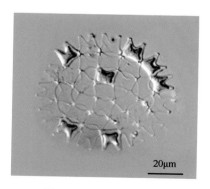

图 11-205　二角盘星藻
Pediastrum duplex

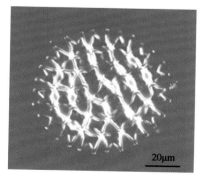

图 11-206　二角盘星藻
Pediastrum duplex

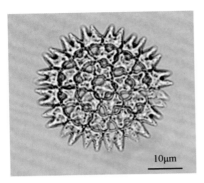

图 11-207　二角盘星藻

Pediastrum duplex

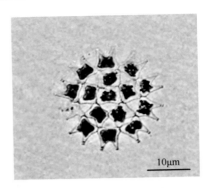

图 11-208　二角盘星藻

Pediastrum duplex

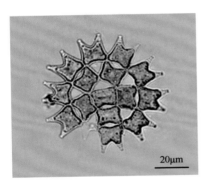

图 11-209　二角盘星藻

Pediastrum duplex

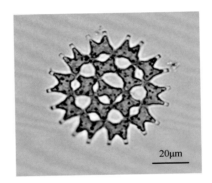

图 11-210　二角盘星藻大孔变种

Pediastrum duplex var. *clathratum*

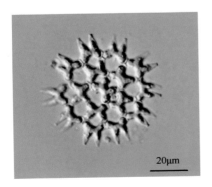

图 11-211　二角盘星藻大孔变种

Pediastrum duplex var. *clathratum*

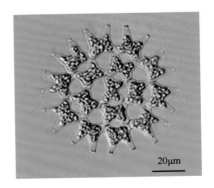

图 11-212　二角盘星藻大孔变种

Pediastrum duplex var. *clathratum*

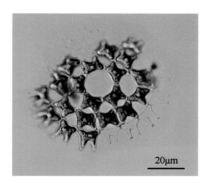

图 11-213　二角盘星藻大孔变种
Pediastrum duplex var. *clathratum*

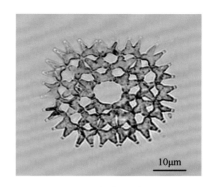

图 11-214　二角盘星藻大孔变种
Pediastrum duplex var. *clathratum*

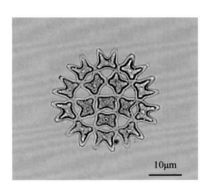

图 11-215　二角盘星藻大孔变种
Pediastrum duplex var. *clathratum*

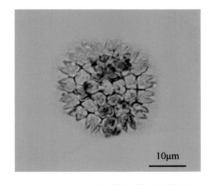

图 11-216　二角盘星藻冠状变种
Pediastrum duplex var. *coronatum*

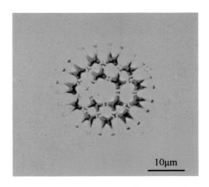

图 11-217　二角盘星藻纤细变种
Pediastrum duplex var. *gracillimum*

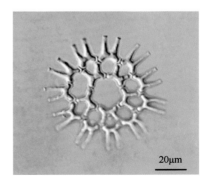

图 11-218　二角盘星藻纤细变种
Pediastrum duplex var. *gracillimum*

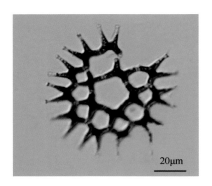

图 11-219　二角盘星藻纤细变种

Pediastrum duplex var. *gracillimum*

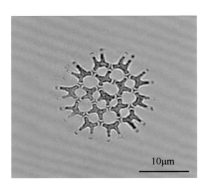

图 11-220　二角盘星藻纤细变种

Pediastrum duplex var. *gracillimum*

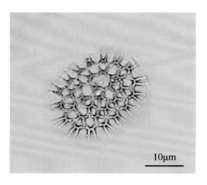

图 11-221　二角盘星藻纤细变种

Pediastrum duplex var. *gracillimum*

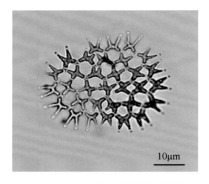

图 11-222　二角盘星藻纤细变种

Pediastrum duplex var. *gracillimum*

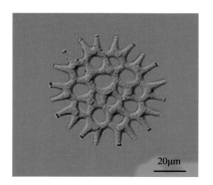

图 11-223　二角盘星藻网状变种

Pediastrum duplex var. *reticulatum*

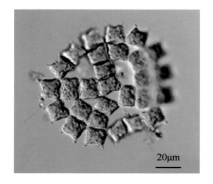

图 11-224　二角盘星藻山西变种

Pediastrum duplex var. *shanxiensis*

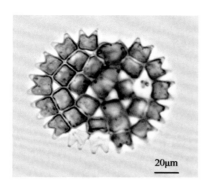

图 11-225 二角盘星藻山西变种

Pediastrum duplex var. *shanxiensis*

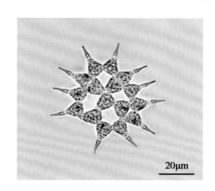

图 11-226 卵形盘星藻

Pediastrum ovatum

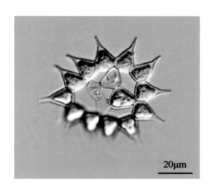

图 11-227 卵形盘星藻

Pediastrum ovatum

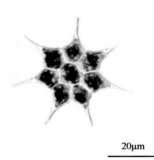

图 11-228 单角盘星藻

Pediastrum simplex

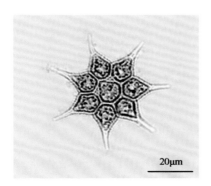

图 11-229 单角盘星藻

Pediastrum simplex

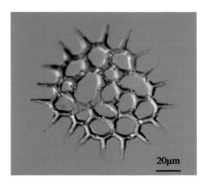

图 11-230 单角盘星藻对突变种

Pediastrum simplex var. *biwae*

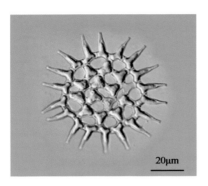

图 11-231　单角盘星藻对突变种
Pediastrum simplex var. *biwae*

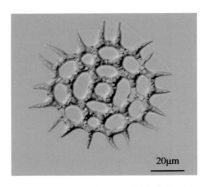

图 11-232　单角盘星藻对突变种
Pediastrum simplex var. *biwae*

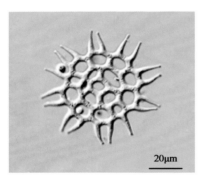

图 11-233　单角盘星藻对突变种
Pediastrum simplex var. *biwae*

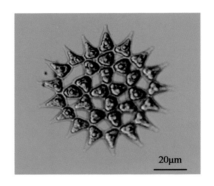

图 11-234　单角盘星藻具孔变种
Pediastrum simplex var. *duodenarium*

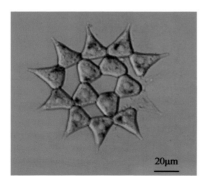

图 11-235　单角盘星藻具孔变种
Pediastrum simplex var. *duodenarium*

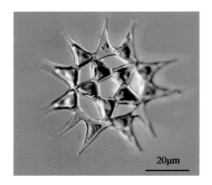

图 11-236　单角盘星藻具孔变种
Pediastrum simplex var. *duodenarium*

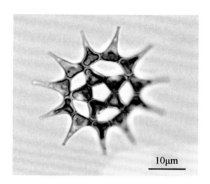

图 11-237　单角盘星藻具孔变种

Pediastrum simplex var. *duodenarium*

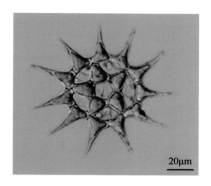

图 11-238　单角盘星藻具孔变种

Pediastrum simplex var. *duodenarium*

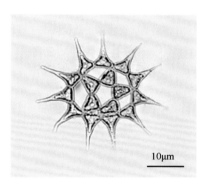

图 11-239　单角盘星藻具孔变种

Pediastrum simplex var. *duodenarium*

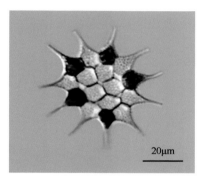

图 11-240　单角盘星藻粒刺变种

Pediastrum simplex var. *echinulatum*

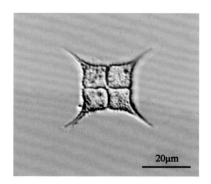

图 11-241　单角盘星藻粒刺变种

Pediastrum simplex var. *echinulatum*

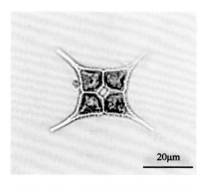

图 11-242　单角盘星藻粒刺变种

Pediastrum simplex var. *echinulatum*

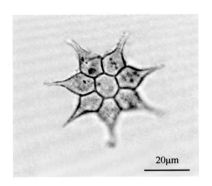

图 11-243　单角盘星藻粒刺变种

Pediastrum simplex var. *echinulatum*

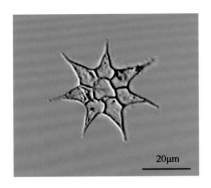

图 11-244　单角盘星藻斯氏变种

Pediastrum simplex var. *sturmii*

图 11-245　单角盘星藻斯氏变种

Pediastrum simplex var. *sturmii*

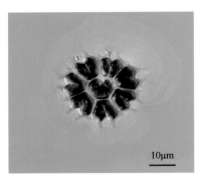

图 11-246　四角盘星藻

Pediastrum tetras

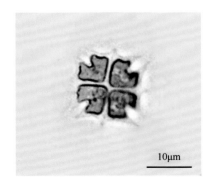

图 11-247　四角盘星藻

Pediastrum tetras

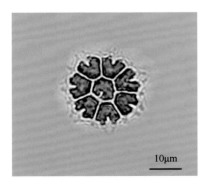

图 11-248　四角盘星藻

Pediastrum tetras

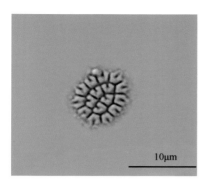

图 11-249　四角盘星藻

Pediastrum tetras

图 11-250　四角盘星藻四齿变种

Pediastrum tetras var. *tetraodon*

图 11-251　四角盘星藻四齿变种

Pediastrum tetras var. *tetraodon*

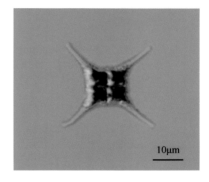

图 11-252　盘星藻属

Pediastrum sp.

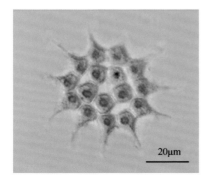

图 11-253　盘星藻属

Pediastrum sp.

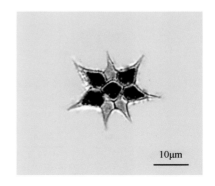

图 11-254　盘星藻属

Pediastrum sp.

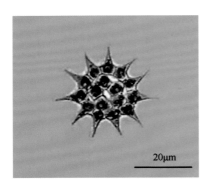

图 11-255　盘星藻属

Pediastrum sp.

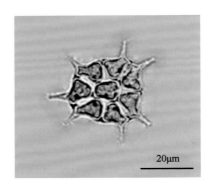

图 11-256　盘星藻属

Pediastrum sp.

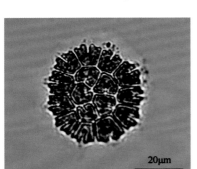

图 11-257　盘星藻属

Pediastrum sp.

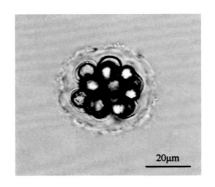

图 11-258　聚盘星藻属

Soropediastrum sp.

图 11-259　坎布空星藻

Coelastrum cambricum

图 11-260　小空星藻

Coelastrum microporum

20μm

图 11-261　小空星藻
Coelastrum microporum

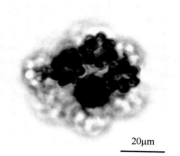

20μm

图 11-262　小空星藻
Coelastrum microporum

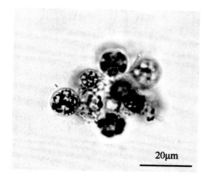

20μm

图 11-263　网状空星藻
Coelastrum reticulatum

10μm

图 11-264　网状空星藻
Coelastrum reticulatum

10μm

图 11-265　河生集星藻
Actinastrum fluviatile

10μm

图 11-266　河生集星藻
Actinastrum fluviatile

图 11-267　河生集星藻
Actinastrum fluviatile

图 11-268　集星藻
Actinastrum hantzschii

图 11-269　集星藻
Actinastrum hantzschii

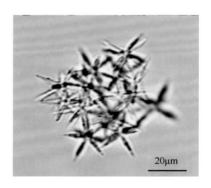

图 11-270　集星藻
Actinastrum hantzschii

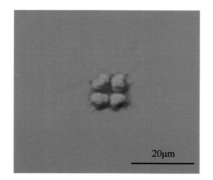

图 11-271　异刺四星藻
Tetrastrum heterocanthum

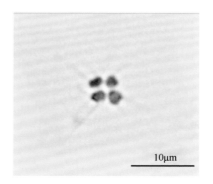

图 11-272　异刺四星藻
Tetrastrum heterocanthum

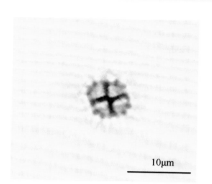

图 11-273　短刺四星藻
Tetrastrum staurogeniaeforme

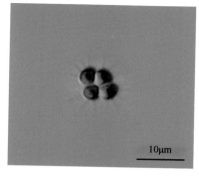

图 11-274　短刺四星藻
Tetrastrum staurogeniaeforme

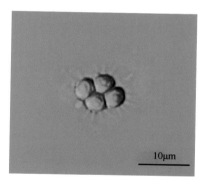

图 11-275　短刺四星藻
Tetrastrum staurogeniaeforme

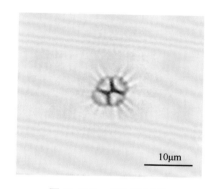

图 11-276　短刺四星藻
Tetrastrum staurogeniaeforme

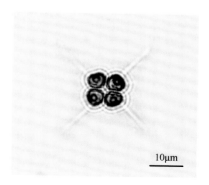

图 11-277　四星藻属
Tetrastrum sp.

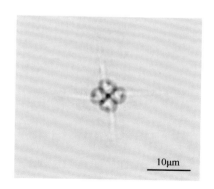

图 11-278　四星藻属
Tetrastrum sp.

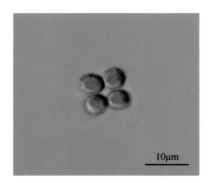

图 11-279　丛球韦斯藻
Westella botryoides

图 11-280　丛球韦斯藻
Westella botryoides

图 11-281　顶锥十字藻
Crucigenia apiculata

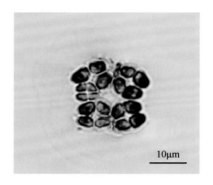

图 11-282　顶锥十字藻
Crucigenia apiculata

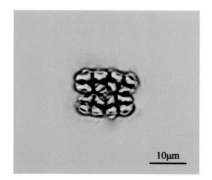

图 11-283　顶锥十字藻
Crucigenia apiculata

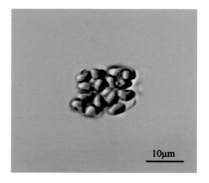

图 11-284　顶锥十字藻
Crucigenia apiculata

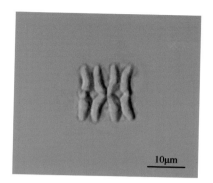

图 11-285　十字十字藻
Crucigenia crucifera

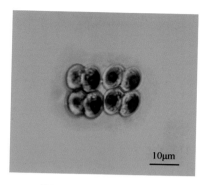

图 11-286　分向十字藻
Crucigenia divergens

图 11-287　铜钱形十字藻
Crucigenia fenestrata

图 11-288　铜钱形十字藻
Crucigenia fenestrata

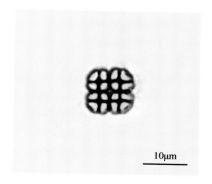

图 11-289　四角十字藻
Crucigenia quadrata

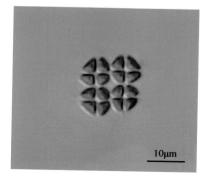

图 11-290　四角十字藻
Crucigenia quadrata

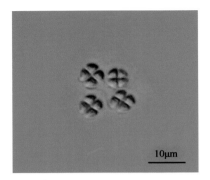

图 11-291　方形十字藻

Crucigenia rectangularis

图 11-292　四足十字藻

Crucigenia tetrapedia

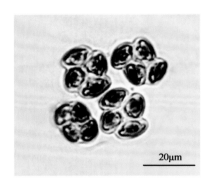

图 11-293　十字藻属

Crucigenia sp.

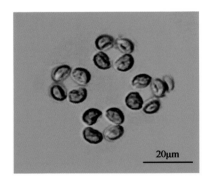

图 11-294　十字藻属

Crucigenia sp.

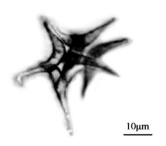

图 11-295　双月藻

Dicloster acuatus

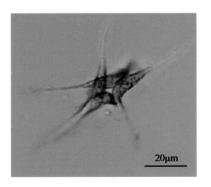

图 11-296　双月藻

Dicloster acuatus

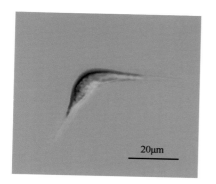

图 11-297　双月藻

Dicloster acuatus

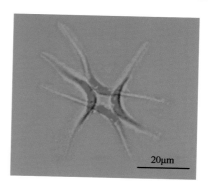

图 11-298　双月藻

Dicloster acuatus

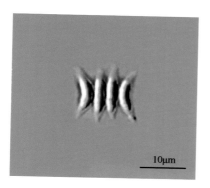

图 11-299　尖细栅藻小形变种

Scenedesmus acuminatus var. *minor*

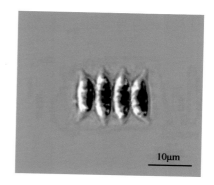

图 11-300　尖锐栅藻

Scenedesmus acutus

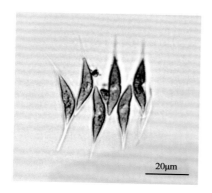

图 11-301　伯纳德栅藻

Scenedesmus bernardii

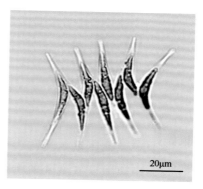

图 11-302　伯纳德栅藻

Scenedesmus bernardii

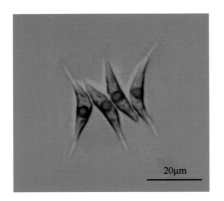

20μm

图 11-303　伯纳德栅藻
Scenedesmus bernardii

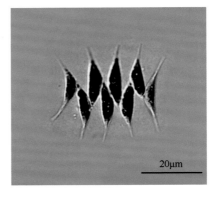

20μm

图 11-304　伯纳德栅藻
Scenedesmus bernardii

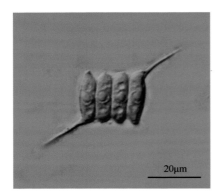

20μm

图 11-305　双尾栅藻
Scenedesmus bicaudatus

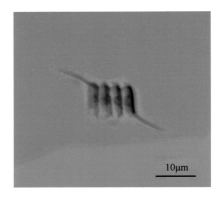

10μm

图 11-306　双尾栅藻
Scenedesmus bicaudatus

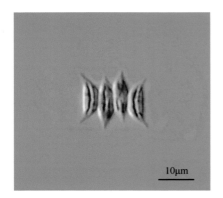

10μm

图 11-307　加勒比栅藻
Scenedesmus caribeanus

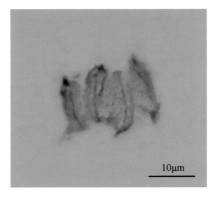

10μm

图 11-308　瘤脊栅藻
Scenedesmus circumfusus

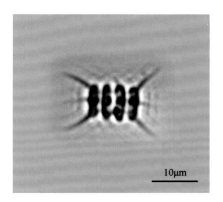

图 11-309 珊瑚栅藻
Scenedesmus corallinus

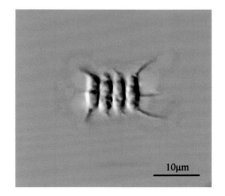

图 11-310 珊瑚栅藻
Scenedesmus corallinus

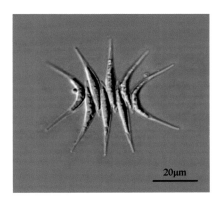

图 11-311 二形栅藻
Scenedesmus dimorphus

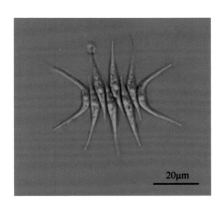

图 11-312 二形栅藻
Scenedesmus dimorphus

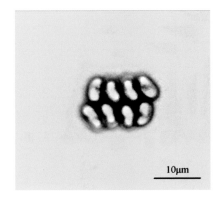

图 11-313 盘状栅藻
Scenedesmus disciformis

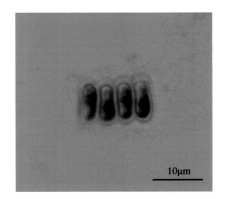

图 11-314 光滑栅藻
Scenedesmus ecornis

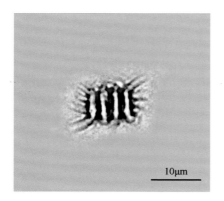

图 11-315 古氏栅藻
Scenedesmus gutwinskii

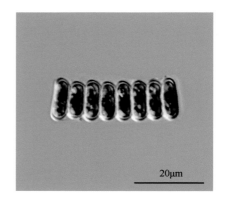

图 11-316 单列栅藻
Scenedesmus linearis

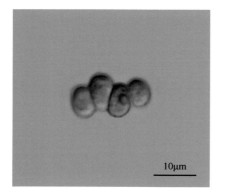

图 11-317 钝形栅藻
Scenedesmus obtusus

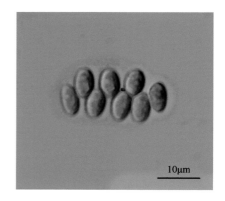

图 11-318 钝形栅藻交错变种
Scenedesmus obtusus var. *alternans*

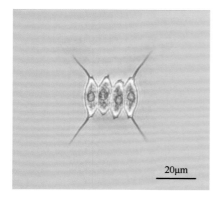

图 11-319 奥波莱栅藻
Scenedesmus opoliensis

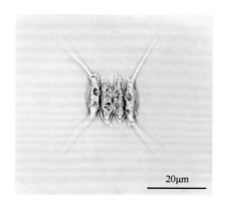

图 11-320 奥波莱栅藻
Scenedesmus opoliensis

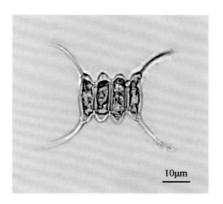

图 11-321 裂孔栅藻

Scenedesmus perforatus

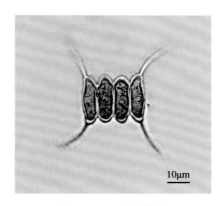

图 11-322 裂孔栅藻

Scenedesmus perforatus

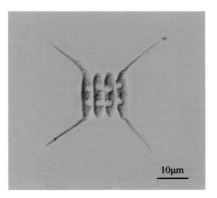

图 11-323 隆顶栅藻

Scenedesmus protuberans

图 11-324 隆顶栅藻

Scenedesmus protuberans

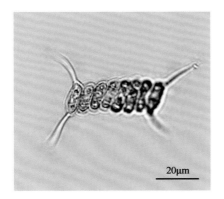

图 11-325 四尾栅藻

Scenedesmus quadricauda

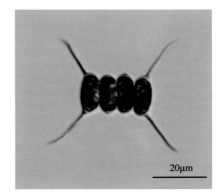

图 11-326 四尾栅藻

Scenedesmus quadricauda

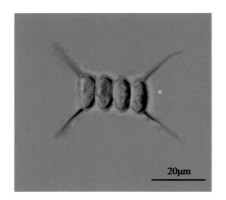

图 11-327　四尾栅藻

Scenedesmus quadricauda

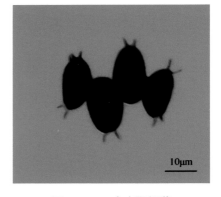

图 11-328　史密斯栅藻

Scenedesmus smithii

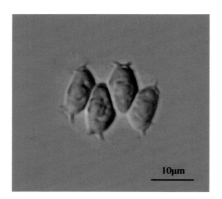

图 11-329　史密斯栅藻

Scenedesmus smithii

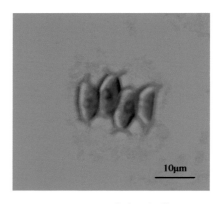

图 11-330　史密斯栅藻

Scenedesmus smithii

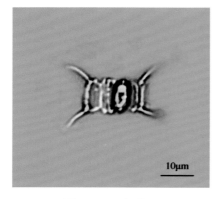

图 11-331　栅藻属

Scenedesmus sp.

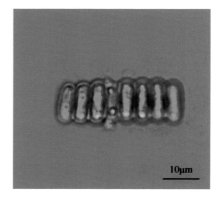

图 11-332　栅藻属

Scenedesmus sp.

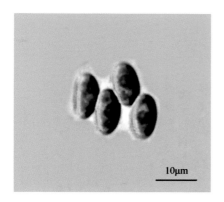

图 11-333 栅藻属
Scenedesmus sp.

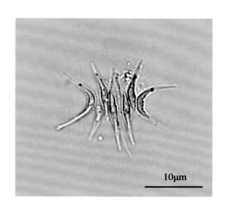

图 11-334 栅藻属
Scenedesmus sp.

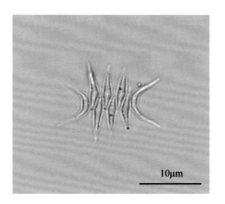

图 11-335 栅藻属
Scenedesmus sp.

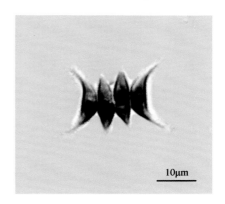

图 11-336 栅藻属
Scenedesmus sp.

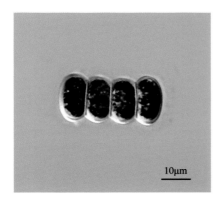

图 11-337 栅藻属
Scenedesmus sp.

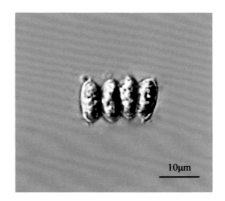

图 11-338 栅藻属
Scenedesmus sp.

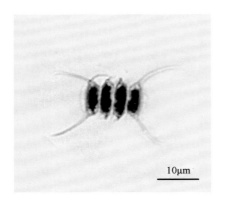

图 11-339 栅藻属
Scenedesmus sp.

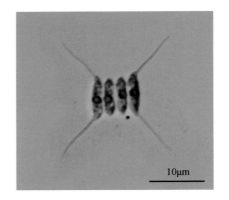

图 11-340 栅藻属
Scenedesmus sp.

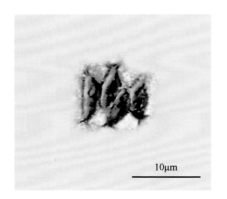

图 11-341 栅藻属
Scenedesmus sp.

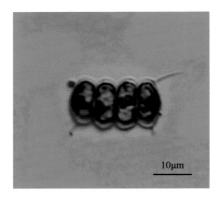

图 11-342 栅藻属
Scenedesmus sp.

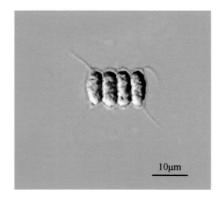

图 11-343 栅藻属
Scenedesmus sp.

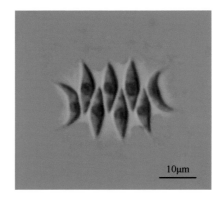

图 11-344 栅藻属
Scenedesmus sp.

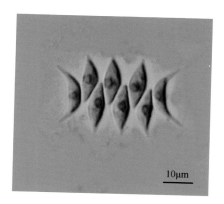

图 11-345 栅藻属

Scenedesmus sp.

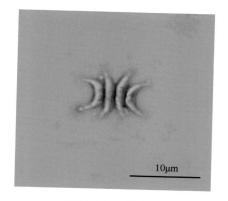

图 11-346 栅藻属

Scenedesmus sp.

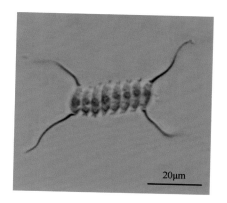

图 11-347 栅藻属

Scenedesmus sp.

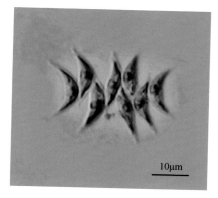

图 11-348 栅藻属

Scenedesmus sp.

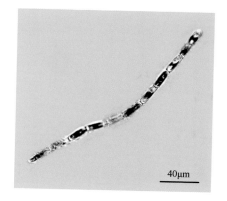

图 11-349 丝藻属

Ulothrix sp.

图 11-350 丝藻属

Ulothrix sp.

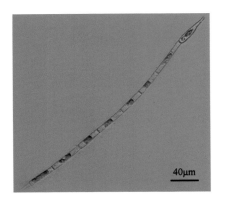

图 11-351　尾丝藻属

Uronema sp.

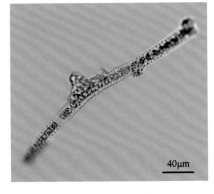

图 11-352　克里藻属

Klebsormidium sp.

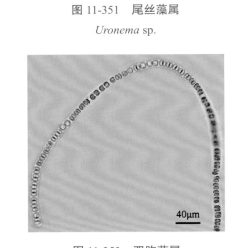

图 11-353　双胞藻属

Geminella sp.

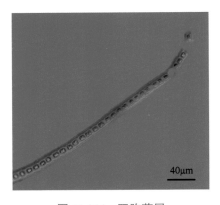

图 11-354　双胞藻属

Geminella sp.

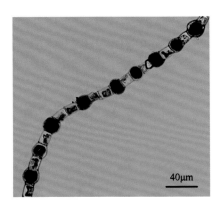

图 11-355　维利微孢藻

Microspora willeana

图 11-356　维利微孢藻

Microspora willeana

图 11-357　毛枝藻属

Stigeoclonium sp.

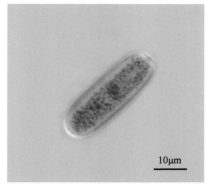

图 11-358　中带鼓藻

Mesotaenium endlicherianum

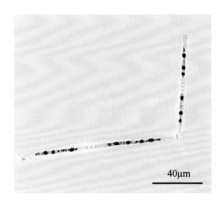

图 11-359　转板藻属

Mougeotia sp.

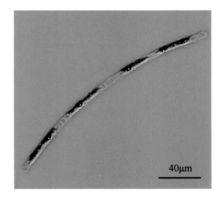

图 11-360　转板藻属

Mougeotia sp.

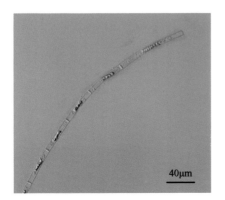

图 11-361　转板藻属

Mougeotia sp.

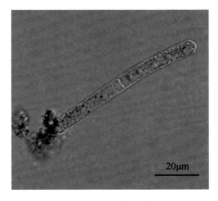

图 11-362　转板藻属

Mougeotia sp.

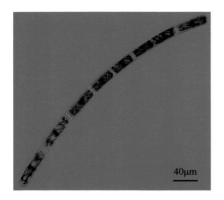

图 11-363　水绵属

Spirogyra sp.

图 11-364　水绵属

Spirogyra sp.

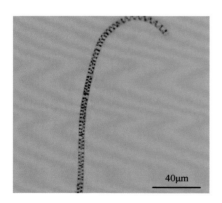

图 11-365　水绵属

Spirogyra sp.

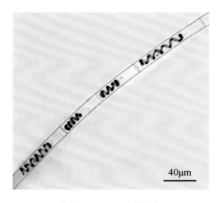

图 11-366　水绵属

Spirogyra sp.

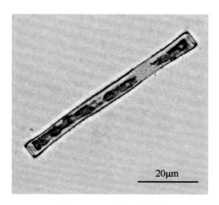

图 11-367　棒形鼓藻

Gonatozygon monotaenium

图 11-368　圆柱形鼓藻

Penium cylindrus

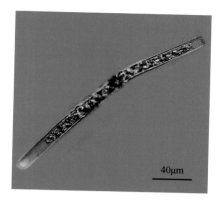

图 11-369　大宽带鼓藻

Pleurotaenium maximum

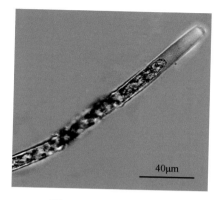

图 11-370　大宽带鼓藻

Pleurotaenium maximum

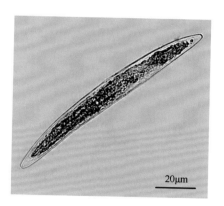

图 11-371　锐新月藻

Closterium acerosum

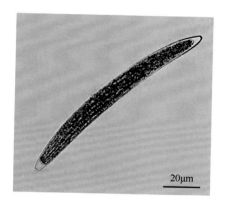

图 11-372　锐新月藻

Closterium acerosum

图 11-373　针状新月藻

Closterium aciculare

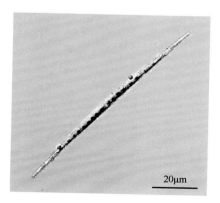

图 11-374　尖新月藻

Closterium acutum

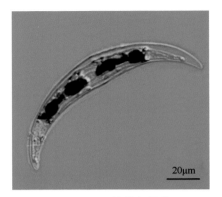

图 11-375　埃伦新月藻

Closterium ehrenbergii

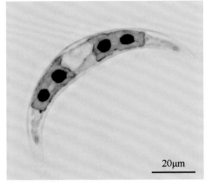

图 11-376　埃伦新月藻

Closterium ehrenbergii

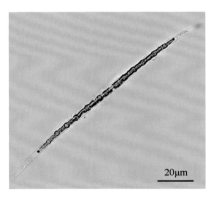

图 11-377　纤细新月藻

Closterium gracile

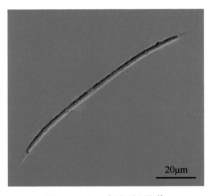

图 11-378　纤细新月藻

Closterium gracile

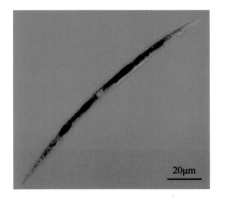

图 11-379　纤细新月藻

Closterium gracile

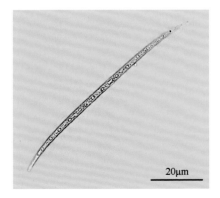

图 11-380　纤细新月藻

Closterium gracile

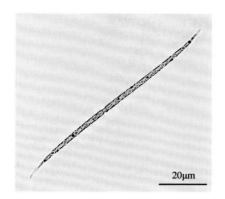

图 11-381　纤细新月藻

Closterium gracile

图 11-382　库津新月藻

Closterium kuetzingii

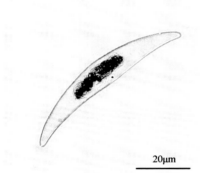

图 11-383　项圈新月藻

Closterium moniliferum

图 11-384　项圈新月藻

Closterium moniliferum

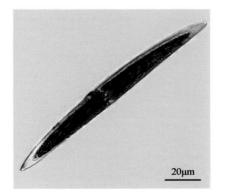

图 11-385　反曲新月藻

Closterium sigmoideum

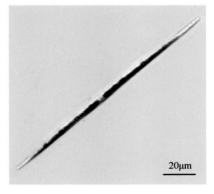

图 11-386　锥形新月藻

Closterium subulatum

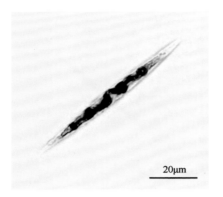

图 11-387　膨胀新月藻

Closterium tumidum

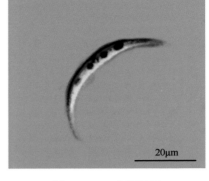

图 11-388　小新月藻

Closterium venus

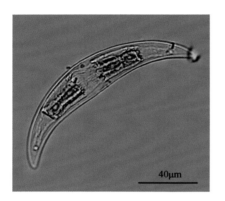

图 11-389　新月藻属

Closterium sp.

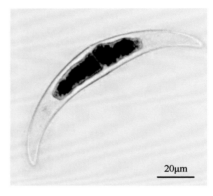

图 11-390　新月藻属

Closterium sp.

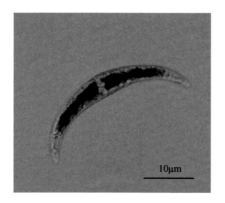

图 11-391　新月藻属

Closterium sp.

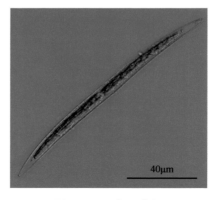

图 11-392　新月藻属

Closterium sp.

图 11-393 新月藻属
Closterium sp.

图 11-394 新月藻属
Closterium sp.

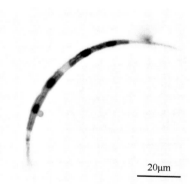

图 11-395 新月藻属
Closterium sp.

图 11-396 新月藻属
Closterium sp.

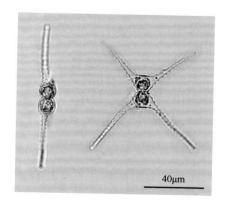

图 11-397 角星鼓藻属
Staurastrum sp.

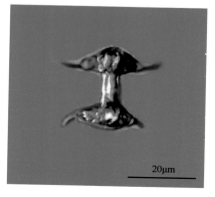

图 11-398 叉星鼓藻属
Staurodesmus sp.

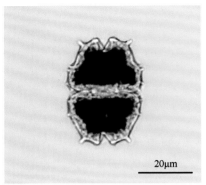

图 11-399　凹顶鼓藻属

Euastrum sp.

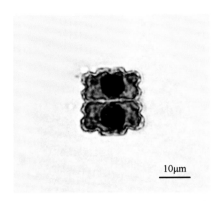

图 11-400　凹顶鼓藻属

Euastrum sp.

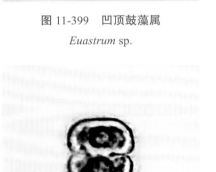

图 11-401　具角鼓藻

Cosmarium angulosum

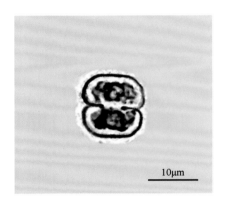

图 11-402　具角鼓藻

Cosmarium angulosum

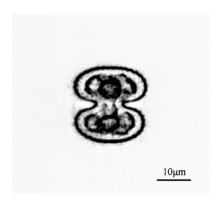

图 11-403　晦鼓藻

Cosmarium creperum

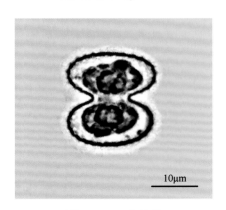

图 11-404　晦鼓藻

Cosmarium creperum

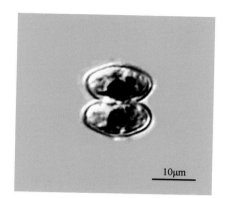

图 11-405　扁鼓藻

Cosmarium depressum

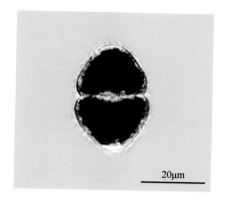

图 11-406　颗粒鼓藻

Cosmarium granatum

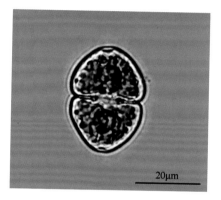

图 11-407　颗粒鼓藻

Cosmarium granatum

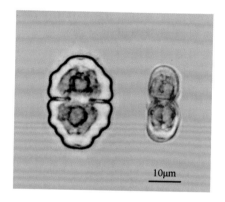

图 11-408　凹凸鼓藻

Cosmarium impressulum

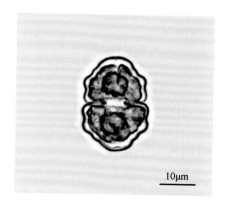

图 11-409　凹凸鼓藻

Cosmarium impressulum

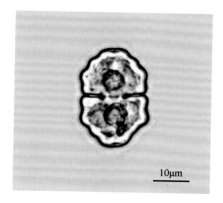

图 11-410　凹凸鼓藻

Cosmarium impressulum

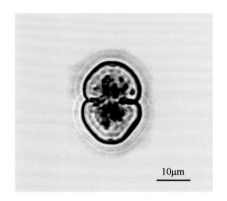

图 11-411 光滑鼓藻
Cosmarium laeve

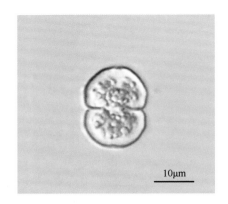

图 11-412 光滑鼓藻
Cosmarium laeve

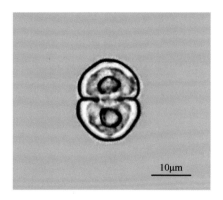

图 11-413 光滑鼓藻
Cosmarium laeve

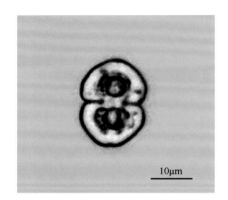

图 11-414 光滑鼓藻
Cosmarium laeve

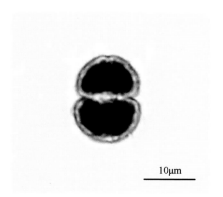

图 11-415 光滑鼓藻
Cosmarium laeve

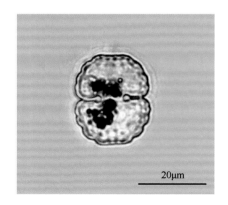

图 11-416 平滑显著鼓藻
Cosmarium levinotabile

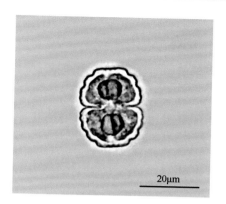

图 11-417 平滑显著鼓藻

Cosmarium levinotabile

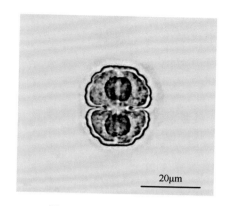

图 11-418 平滑显著鼓藻

Cosmarium levinotabile

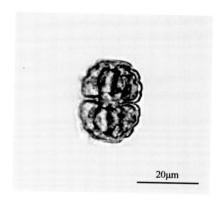

图 11-419 平滑显著鼓藻

Cosmarium levinotabile

图 11-420 蒙特利尔鼓藻

Cosmarium montrealense

图 11-421 新地岛鼓藻

Cosmarium novae-semliae

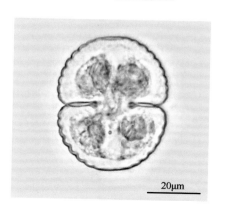

图 11-422 钝鼓藻

Cosmarium obtusatum

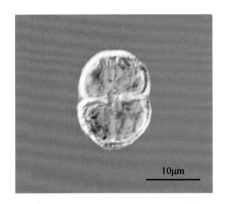

图 11-423 厚皮鼓藻

Cosmarium pachydermum

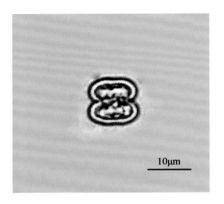

图 11-424 菜豆形鼓藻

Cosmarium phaseolus

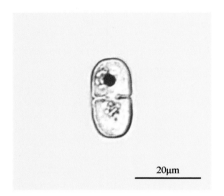

图 11-425 伪弱小鼓藻

Cosmarium pseudoexiguum

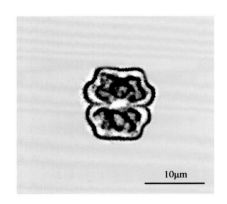

图 11-426 四方鼓藻不平直变种

Cosmarium quadratulum var. *aplanatum*

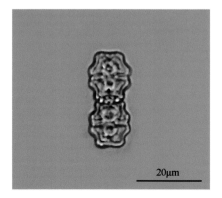

图 11-427 四方鼓藻不平直变种

Cosmarium quadratulum var. *aplanatum*

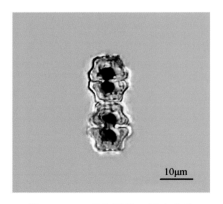

图 11-428 四方鼓藻不平直变种

Cosmarium quadratulum var. *aplanatum*

图 11-429　方鼓藻
Cosmarium quadrum

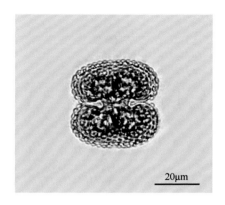

图 11-430　方鼓藻
Cosmarium quadrum

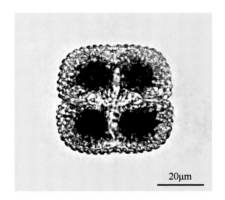

图 11-431　方鼓藻
Cosmarium quadrum

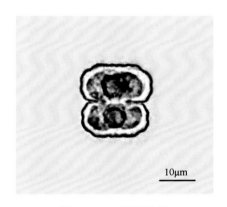

图 11-432　雷尼鼓藻
Cosmarium regnellii

图 11-433　雷尼鼓藻
Cosmarium regnellii

图 11-434　雷尼鼓藻
Cosmarium regnellii

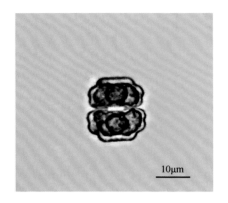

图 11-435　雷尼鼓藻
Cosmarium regnellii

图 11-436　雷尼鼓藻膨大变种
Cosmarium regnellii var. *dilatatum*

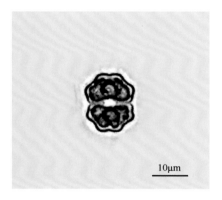

图 11-437　雷尼鼓藻膨大变种
Cosmarium regnellii var. *dilatatum*

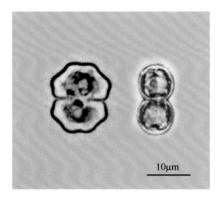

图 11-438　雷尼鼓藻膨大变种
Cosmarium regnellii var. *dilatatum*

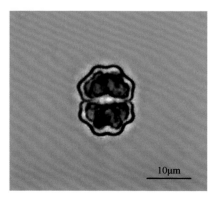

图 11-439　雷尼鼓藻膨大变种
Cosmarium regnellii var. *dilatatum*

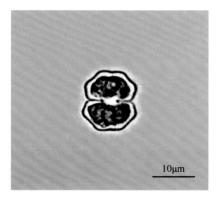

图 11-440　雷尼鼓藻膨大变种
Cosmarium regnellii var. *dilatatum*

图 11-441　肾形鼓藻

Cosmarium reniforme

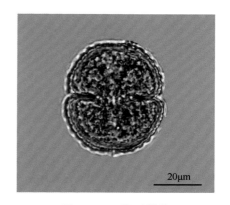

图 11-442　肾形鼓藻

Cosmarium reniforme

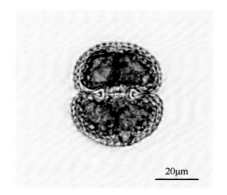

图 11-443　肾形鼓藻

Cosmarium reniforme

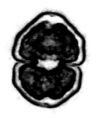

图 11-444　近颗粒鼓藻

Cosmarium subgranatum

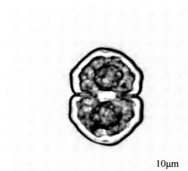

图 11-445　近颗粒鼓藻

Cosmarium subgranatum

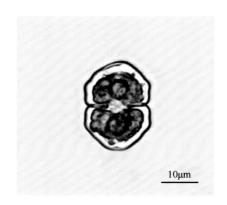

图 11-446　近颗粒鼓藻

Cosmarium subgranatum

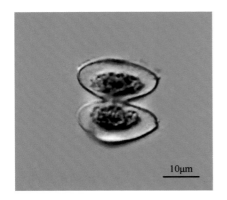

图 11-447　近颗粒鼓藻
Cosmarium subgranatum

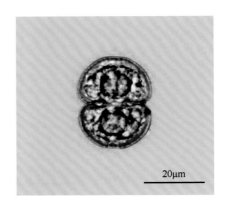

图 11-448　近颗粒鼓藻
Cosmarium subgranatum

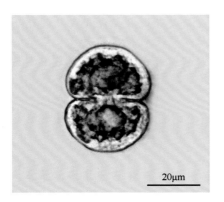

图 11-449　近颗粒鼓藻
Cosmarium subgranatum

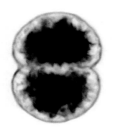

图 11-450　近颗粒鼓藻
Cosmarium subgranatum

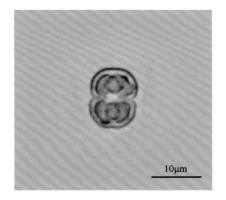

图 11-451　着色鼓藻
Cosmarium tinctum

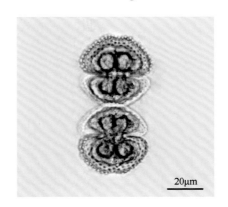

图 11-452　特平鼓藻
Cosmarium turpinii

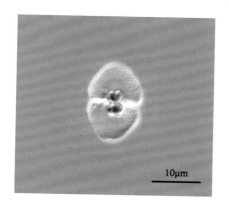

图 11-453　鼓藻属

Cosmarium sp.

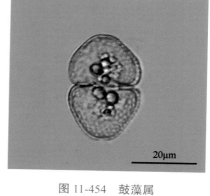

图 11-454　鼓藻属

Cosmarium sp.

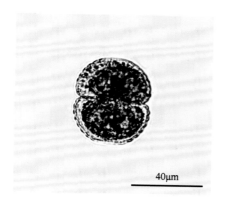

图 11-455　鼓藻属

Cosmarium sp.

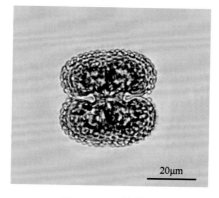

图 11-456　鼓藻属

Cosmarium sp.

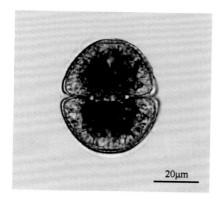

图 11-457　鼓藻属

Cosmarium sp.

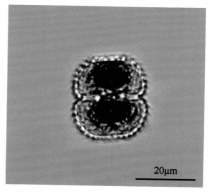

图 11-458　鼓藻属

Cosmarium sp.

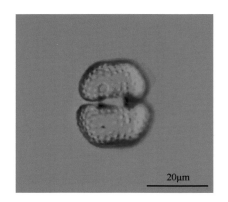

图 11-459　鼓藻属

Cosmarium sp.

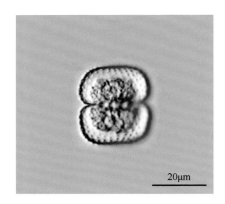

图 11-460　鼓藻属

Cosmarium sp.

主要参考文献

毕列爵，胡征宇. 2004. 中国淡水藻志：第八卷绿藻门 绿球藻目（上）[M]. 北京：科学出版社.

蔡琨，秦春燕，李继影，等. 2016. 基于浮游植物生物完整性指数的湖泊生态系统评价——以2012 年冬季太湖为例[J]. 生态学报，36（5）：1431-1441.

陈纯，李思嘉，胡韧，等. 2013. 四种浮游植物生物量计算方法的比较分析[J]. 湖泊科学，25（6）：927-935.

范志锋，张玮，沈伟荣，等. 2013. 浅谈淡水藻类教学标本的采集与制作[J]. 中国校外教育（中旬刊），（12）：50-51.

国家环境保护总局《水和废水监测分析方法》编委会. 2002. 水和废水监测分析方法[M]. 4 版. 北京：中国环境科学出版社.

郝达平，鞠伟，刘伟，等. 2013. 湖泊浮游藻类监测技术研究及应用[J]. 江苏水利，（12）：40-42.

胡鸿钧. 2011. 水华蓝藻生物学[M]. 北京：科学出版社.

胡鸿钧. 2015. 中国淡水藻志：第二十卷绿藻门 绿藻纲 团藻目（Ⅱ）衣藻属[M]. 北京：科学出版社.

胡鸿钧，李尧英，魏印心，等. 1980. 中国淡水藻类[M]. 上海：上海科学技术出版社.

胡鸿钧，魏印心. 2006. 中国淡水藻类——系统、分类及生态[M]. 北京：科学出版社.

湖南省地方标准. DB 43/T 432-2009，淡水生物资源调查技术规范[S].

江苏省地方标准. DB 32/T 3202-2017，湖泊水生态监测规范[S].

黎尚豪，毕列爵. 1998. 中国淡水藻志：第五卷绿藻门 丝藻目 石莼目 胶毛藻目 橘色藻目 环藻目[M]. 北京：科学出版社.

李洪鑫，吴舢，唐琨. 2017. 水中藻类计数检测方法——沉淀法与抽滤萃取法的比对[J]. 天津科技，44（7）：39-43.

李家英，齐雨藻. 2010. 中国淡水藻志：第十四卷硅藻门 舟形藻科（Ⅰ）[M]. 北京：科学出版社.

李家英，齐雨藻. 2014. 中国淡水藻志：第十九卷硅藻门 舟形藻科（Ⅱ）[M]. 北京：科学出版社.

李家英，齐雨藻. 2018. 中国淡水藻志：第二十三卷硅藻门 舟形藻科（Ⅲ）[M]. 北京：科学出版社.

李尧英，魏印心，施之新，等. 1992. 青藏高原科学考察丛书：西藏藻类[M]. 北京：科学出版社.

刘国祥，胡征宇. 2012. 中国淡水藻志：第十五卷绿藻门 绿球藻目（下）四胞藻目 叉管藻目 刚毛藻目[M]. 北京：科学出版社.

路晓锋，林青，韦雪柠，等. 2018. 浮游植物样品的前处理优化及计数方法研究[J]. 中国环保产业，（9）：53-57.

罗红星，全继萍，陈玩丰. 2001. 水中藻类检测方法的改进[J]. 环境化学，20（5）：527-528.

牛海玉，陈纯，韩博平. 2015. 基于浓缩法的浮游植物定量数据稳定性与可靠性分析[J]. 湖泊科学，27（5）：776-782.

牛海玉，肖利娟，韩博平. 2016. 采用倒置显微镜法定量浮游植物的数据稳定性[J]. 湖泊科学，28（1）：141-148.

彭涛，陈营，陈志芳. 2019. 浮游植物检测样品浓缩方法的改进[J]. 内蒙古环境科学，21（6）：87-88.

齐雨藻. 1995. 中国淡水藻志：第四卷硅藻门 中心纲[M]. 北京：科学出版社.

齐雨藻，李家英. 2004. 中国淡水藻志：第十卷硅藻门 羽纹纲[M]. 北京：科学出版社.

钱奎梅，刘霞，陈宇炜. 2015. 淡水浮游植物计数与定量方法[J]. 湖泊科学，27（5）：767-775.

饶钦止. 1988. 中国淡水藻志：第一卷双星藻科[M]. 北京：科学出版社.

施之新. 1999. 中国淡水藻志：第六卷裸藻门[M]. 北京：科学出版社.

施之新. 2004. 中国淡水藻志：第十二卷硅藻门 异极藻科[M]. 北京：科学出版社.

施之新. 2013. 中国淡水藻志：第十六卷硅藻门 桥弯藻科[M]. 北京：科学出版社.

宋瑜，宋晓东，江洪，等. 2010. 基于定量遥感反演的内陆水体藻类监测[J]. 光谱学与光谱分析，30（4）：1075-1079.

王全喜. 2007. 中国淡水藻志：第十一卷黄藻门[M]. 北京：科学出版社.

王全喜. 2018. 中国淡水藻志：第二十二卷硅藻门 管壳缝目[M]. 北京：科学出版社.

王瓒，乔俊莲，王国强，等. 2008. 浓缩过滤-超声振荡法检测水中藻类[J]. 中国给水排水，24（14）：86-87.

魏印心. 2003. 中国淡水藻志：第七卷绿藻门 双星藻目 中带鼓藻科 鼓藻目 鼓藻科 第1册[M]. 北京：科学出版社.

魏印心. 2013. 中国淡水藻志：第十七卷绿藻门 鼓藻目 鼓藻科 第2册 辐射鼓藻属 鼓藻属 胶球鼓藻属[M]. 北京：科学出版社.

魏印心. 2014. 中国淡水藻志：第十八卷绿藻门 鼓藻目 鼓藻科 第3册 多棘鼓藻属 叉星鼓藻属 角星鼓藻属 丝状鼓藻类[M]. 北京：科学出版社.

魏印心. 2018. 中国淡水藻志：第二十一卷金藻门（Ⅱ）[M]. 北京：科学出版社.

翁建中，徐恒省. 2010. 中国常见淡水浮游藻类图谱[M]. 上海：上海科学技术出版社.

杨守志. 1994. 藻类植物材料、标本的采集、处理与保存[J]. 黑龙江农垦师专学报，（1）：86-87.

张榆霞，金玉，施择，等. 2014. 富营养化水体藻类显微镜计数方法改进研究[J]. 福建分析测试，23（1）：13-16.

章宗涉，黄祥飞. 1991. 淡水浮游生物研究方法[M]. 北京：科学出版社.

赵孟绪. 2010. 水库藻类监测原理与方法分析[J]. 广东水利水电，（8）：61-63.

中国环境监测总站，中国环境科学研究院. 2017. 流域水生态环境质量监测与评价技术指南[M]. 北京：中国环境出版集团.

中华人民共和国水产行业标准. SC/T 9102.3-2007，渔业生态环境监测规范 第三部分：淡水部分[S].

中华人民共和国水产行业标准. SC/T 9402-2010，淡水浮游生物调查技术规范[S].

朱浩然. 1991. 中国淡水藻志：第二卷色球藻纲[M]. 北京：科学出版社.

朱浩然. 2007. 中国淡水藻志：第九卷蓝藻门 藻殖段纲[M]. 北京：科学出版社.

Krammer K，Lange-Bertalot H. 2012. Bacillariophyceae（欧洲硅藻鉴定系统）[M]. 刘威，朱远生，黄迎艳，译. 广州：中山大学出版社.

Water Quality—Guidance on Quantitative and Qualitative Sampling of Phytoplankton from Inland Waters. BS EN 16698：2015[S]. London：British Standards Institution.

Water Quality—Guidance Standard on the enumeration of Phytoplankton Using Inverted Microscopy. BS EN 15204：2006[S]. London：British Standards Institution.